K12少儿计算机编程丛书

孩子趣味学编程之Scratch篇

张文婧 乔陶鹏 刘芸 方亮◎著

清华大学出版社

北 京

内 容 简 介

本书以 Scratch 这一款集编程语言、运行环境和展示效果于一体的可视化编程软件为工具，向青少年读者介绍计算机编程的基本概念，并通过丰富的实例让读者能够完成属于自己的作品。

本书首先简单介绍 Scratch 操作，帮助读者快速开始使用 Scratch。然后分两部分介绍编程知识。第一部分讲解编程的基本知识，包含计算机语言的三大基本结构、事件的概念以及变量和 Scratch 项目制作的方法。第二部分重点讲解编程的高级技巧及计算机科学的基础概念，包含布尔逻辑、条件与循环的组合等知识。在最后两章，力图通过 Scratch 提供的工具向青少年读者展示未来编程的核心内容。

本书是目前市面上稀缺而青少年编程学习急需的将计算机编程概念与 Scratch 完美结合的经典书籍，是青少年学习编程的引导性图书；同时，对于青少年编程教育的从业人员，本书的结构及其丰富的实例可以帮助他们设定课程体系，完善教学内容。

图书在版编目（CIP）数据

孩子趣味学编程之Scratch篇 / 张文婧等著. — 北京：清华大学出版社，2019
（K12 少儿计算机编程丛书）
ISBN 978-7-302-52345-1

Ⅰ.①孩⋯　Ⅱ.①张⋯　Ⅲ.①程序设计—少儿读物　Ⅳ.①TP311.1-49

中国版本图书馆 CIP 数据核字（2019）第 034427 号

责任编辑：秦　健
封面设计：杨玉兰
责任校对：徐俊伟
责任印制：刘海龙

出版发行：清华大学出版社
　　　　　网　　　址：http://www.tup.com.cn，http://www.wqbook.com
　　　　　地　　　址：北京清华大学学研大厦 A 座　　　　邮　　编：100084
　　　　　社 总 机：010-62770175　　　　　　　　　　邮　　购：010-62786544
　　　　　投稿与读者服务：010-62776969，c-service@tup.tsinghua.edu.cn
　　　　　质 量 反 馈：010-62772015，zhiliang@tup.tsinghua.edu.cn
印 装 者：三河市铭诚印务有限公司
经　　销：全国新华书店
开　　本：210mm×260mm　　　印　　张：13.25　　　字　　数：225 千字
版　　次：2019 年 4 月第 1 版　　　印　　次：2019 年 4 月第 1 次印刷
印　　数：1～2500
定　　价：59.80 元

产品编号：081460-01

进入21世纪，新科技迅猛发展，孕育着新的重大突破，将深刻地改变经济和社会的面貌。人工智能问题的研究也成为当代最富有挑战性的课题。智能科学技术作为一门交叉科学，既是生命科学的精髓，更是信息科学的核心。一旦突破，将对科学技术、经济和社会发展产生巨大和深远的影响。

2017年，国务院印发《新一代人工智能发展规划》，明确提出中小学阶段全面推广编程教育。教育部印发《中小学综合实践活动课程指导纲要》，也明确列出了中小学开设的编程课程。编程所要求的素质与能力正成为未来基础教育的核心目标。

对于编程来说，核心是算法，是问题的分析和计算思维的对应过程，计算机语言只是算法实现的工具。就目前来看，算法描述工具的生命力强于任何一种语言，语言的作用只是把这种描述转化为特定环境下的计算机可理解的内容。

从这种角度来看，小学阶段的编程学习，更重要的是掌握计算机语言描述事物的基本结构以及能够将问题对应成这种结构的能力。

目前，小学生学习编程的书籍有很多，大部分都采用了Scratch。从内容上来看，重点突出了Scratch本身的特点，而对计算机语言本身的内在结构和逻辑介绍则不够系统。而本书的目标是介绍计算机语言的基本结构以及重点概念，关注现实问题的计算机语言分析方法，力求培养孩子们的计算式思维。在书中，虽然同样采用了Scratch，但以实现手段的方式来展现，并没有对Scratch进行过多介绍。

同时，考虑小学生的知识和接受能力，如果按照通常计算机语言教材的结构进行介绍，将会让小读者无所适从，因此，本书首先从计算机的基本结构出发，然后进入变量的概念和使用，最后初步介绍数据结构及计算机中常用的部分算法。

为方便青少年理解和进行编程实践，本书中所有例子的程序和视频都可以在http://

welovecode.cn/sample/中找到。

感谢我的同事的支持，各位宝贵的教学经验为我们撰写本书提供了丰富的素材！张文婧完成了本书的第2、4、8、12章，乔陶鹏完成了本书的第1、3、7、11章，刘芸老师完成了本书的第5、6、9、10章，方亮老师的创意为本书提供了大量的课件。最后，感谢我的家人对于我完成本书的鼓励和支持。

乔陶鹏

目 录

第1章　准备开始

在开始编写程序创作你自己的故事、游戏、动画之前，先来了解一下将要使用的工具——Scratch吧！

Scratch是一门免费的可视化编程语言，由MIT媒体实验室开发。使用 Scratch，可以编写自己的程序，将创意分享给全世界。

本章将对Scratch进行简单介绍。内容包括：

- Scratch的启动及关闭。
- Scratch分为哪些区域。
- 脚本区域及编程方法。
- 第一个程序。
- 保存程序。

1.1　启动及关闭Scratch

1.1.1　启动Scratch

首先，在计算机桌面上找到这个小猫头，如图1-1所示。

图1-1　桌面上的Scratch图标——小猫头

鼠标左键双击这个小猫头，在计算机屏幕上会出现如图1-2所示的画面，这时候Scratch就启动了。

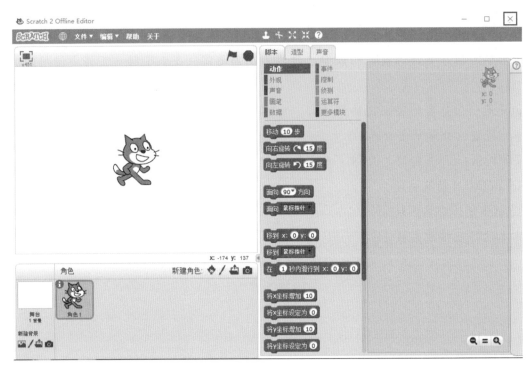

图1-2　Scratch启动界面

第一次看到这只完整的小猫是不是有点小激动呢？别着急，我们的编程之旅马上就要开始，随着学习的深入，你会越来越喜欢它！

1.1.2　关闭Scratch

学习了如何打开，你是不是想知道如何关闭呢？可以看到，在图1-2的右上角用红色的方框圈出了一个小叉子，单击那个小叉子就可以关闭Scratch了。

试一试

你会开启和关闭我们的软件了吗？

学会开关Scratch后，我们一起看一下Scratch里面都有什么吧！

1.2 Scratch区域介绍

1.2.1 舞台区域

在剧场里，舞台是各个角色表演的地方。在Scratch里，也有一个"舞台区域"。在图1-3中，由黄色方框框出的区域，就是Scratch中的舞台区域。

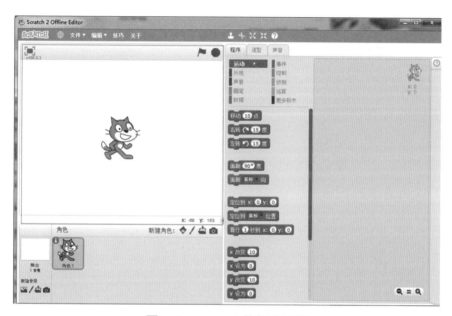

图1-3　Scratch的舞台区域

Scratch里和现实中的舞台在功能上有什么相同和不同呢？

和剧场里的舞台相同，Scratch里的舞台也是角色"表演"的地方，但是这种"表演"是由你写的程序来控制的。除此而外，在舞台上你还可以：

- 与计算机进行交互，例如回答计算机的问题。
- 演示你的计算结果，例如计算1+2+3+…+100的和，并且显示。
- 展示"字幕"。

……

从舞台本身来说，重要的内容是背景。现实生活中的舞台，可以有一个背景或多个背景，更换背景是件很复杂的事情。对于Scratch来说，在舞台上同样也需要背景来描述故事发生的场景，但创建背景以及更换背景是一件十分简单的事情。

在开始创建背景以及删除背景之前，我们先来一起思考一个问题：打开Scratch后，舞台上是否有背景呢？

有了猜想的答案以后，让我们在Scratch中验证。

鼠标左键单击图1-4中屏幕左下角用蓝色框起来的舞台图标。

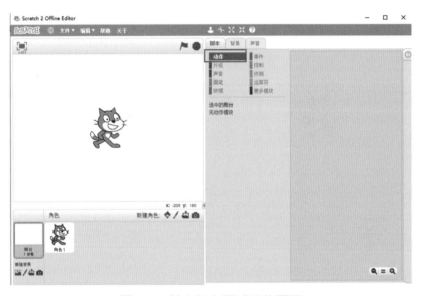

图1-4　单击舞台区域后的画面

相对于Scratch启动时的状态，有两个位置发生了变化，如图1-5所示。

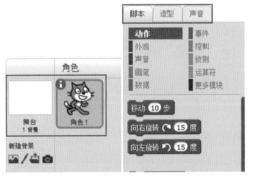 

图1-5　单击舞台后画面的变化（左图：Scratch启动时；右图：单击舞台区域后）

鼠标左键单击图1-5中右图的红框区域的"背景"标签，现在观察一下Scratch的画面，如图1-6所示。对于上面的问题有答案了吗？

正确的答案是：有背景。只不过是一个白色的背景。

图1-6　Scratch启动时的背景

1.2.2　创建新背景

图1-7是新建背景区域放大后的结果，图中有4个小图标（橙色方块圈出的区域）。

这四个图标都可以用来创建新背景。

图1-7　新建背景区域

：从背景库中选择背景。左键单击后会显示背景库，从中选择背景即可，本章重点介绍这种方法。

：绘制新背景。左键单击之后会显示一个绘图板，可以自己用工具来绘制新背景。

：从本地文件中上传背景。左键单击之后会显示计算机的文件目录，从中选择自己需要上传的图片文件，就可以把那张图片作为背景。

：拍摄照片当作背景。左键单击之后会调用计算机的摄像头，拍照后可以作为背景。

从背景库中选择背景是初学者常用的方法。单击，会出现Scratch自带的背景库（见图1-8）。

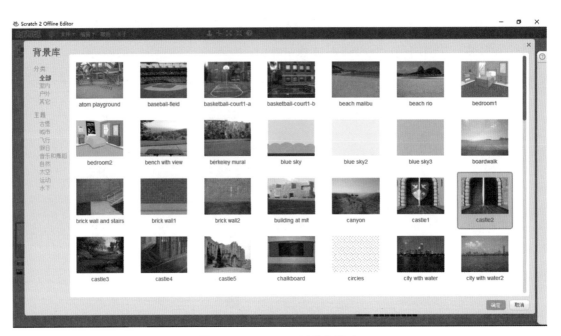

图1-8　Scratch自带背景库

　　从背景库中选择需要的背景，选中的背景会变成灰色并且有一个蓝色的框。之后，鼠标左键双击或者选中背景后单击右下角的"确定"按钮，那么背景就出现在图1-9所示的区域。同样，在Scratch的舞台区域中也会出现选中的背景。

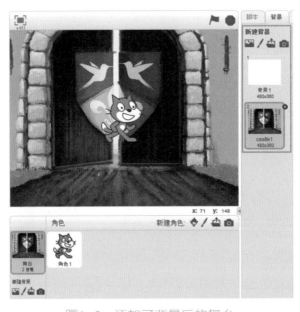

图1-9　添加了背景后的舞台

仔细观察图1-9中背景的标签区域，能发现什么呢？

- 每个背景都有编号，左上角的1、2就是它的编号。
- 同时也有名称，每个背景的下方是它的名称，例如图1-9中的"背景1""castle2"。

试一试

可以分别使用其他三个按钮来添加背景以丰富你的背景吧。

1.2.3　删除背景

图1-9中，蓝框圈起来的背景右上角有一个"X"，单点那个"X"就可以删除相应背景。

注意

要先单击想要删除的背景。待它出现蓝框后，才会出现那个"X"。

思考一下

如果现在只剩下最后一个背景，选中这个背景时，是否会出现"X"？

思考结果出来了吗？你可以大胆尝试一下。这时候会发现，最后一个背景没有出现X，这意味着你无法删除它。也就是说，在Scratch里一定有一个背景，不存在没有背景的情况。

1.2.4　角色区域

在介绍舞台时，我们已经提到了什么是角色。和现实中舞台上的角色不同，Scratch里的角色是用来完成你"交给"他的任务的，例如移动、画图形、说答案……他可以是一只可爱的小动物、一个邪恶的巫师，也可以是一棵圣诞树、一个生日蛋糕……总之，你能想到的一切人或物品都可以是角色。

打开Scratch时，出现在舞台上的那只小猫就是一个角色。

角色在哪里执行任务呢？

答案是：舞台上。你想到了吗？下面我们来学习如何添加、删除角色。

1.2.5　添加角色

在Scratch中，添加角色是在图1-10中的角色区域（橙色方框圈出的部分）实现的。

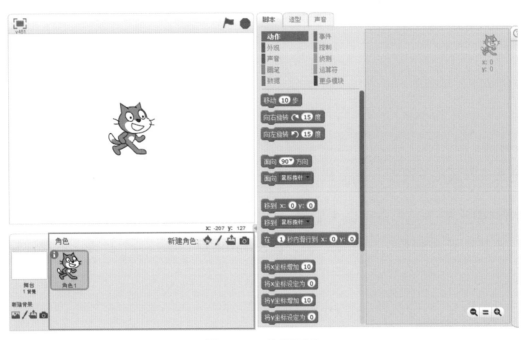

图1-10　角色区域

和新建背景的四个图标一样，在角色区域的右上角，新建角色的后面也有四个图标，功能类似——创建新角色的四种方法。

这里我们重点介绍第一个图标 🎭，从角色库中选取角色。

鼠标左键单击这个图标，会出现如图1-11所示画面。

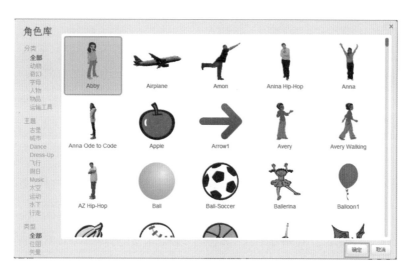

图1-11　角色库

在角色库中鼠标左键双击你想要的角色，例如图1-11中的Abby，她就会出现在舞台中央，同时在角色区域里也会出现Abby。

另一种方法是鼠标左键点击Abby，然后单击图1-11右下角的"确定"键（橙色方框中的那个按键），会有同样的效果。

那么现在Scratch的画面如图1-12所示。

图1-12　添加了背景和角色的Scratch

使用剩余的三个添加角色的图标来增加角色，看看可以添加多少个角色。

1.2.6 删除角色

虽然添加角色的办法和添加背景的办法相似，但删除角色就不一样了。

怎么删除一个角色呢？把鼠标指针放到角色上，首先左键单击角色，这时候看到角色被蓝色框选中。然后，鼠标右键单击角色，会出现一个如图1-13所示的菜单。

图1-13　角色被右键单击后的弹出菜单

最后，用鼠标左键单击菜单中的第三项——删除，这样这个角色就从舞台和角色区域消失了。

思考一下

可不可以把所有的角色都删除？你得到了什么结论？

1.2.7 积木区域

学习背景和角色的添加、删除，只是完成了编程前的准备工作。下面我们一起来看一下Scratch的"工具箱"——积木区域（见图1-14）。

图1-14　Scratch的积木区域（左图：角色的积木区；右图：背景的积木区）

角色和背景的积木区都有三个标签。

角色积木区的三个标签 脚本 造型 声音 。

背景积木区的三个标签 脚本 背景 声音 。

"脚本"标签里面存放的是编程需要用到的指令，每一个指令会实现一个功能，这与代码式的编程语言相同，但它是用"积木块"来体现的。这样，大家就不必输入命令，只需把它从工具箱中"拿"出来用就可以了。

在积木区域，"脚本"标签下一共有10个类别，每个类别都代表了一组指令，同时也有一个特殊的颜色。这样就可以方便地找到你需要的命令了。

如果仔细观察图1-14中角色和背景的积木区域，你会发现一个有趣的问题，背景的积木区域中"动作"这个类别下是没有积木块的，为什么呢？

 在现实生活中，舞台的背景会有动作吗？

除此而外，在积木区域会有另外两个标签，对于角色，是"造型"和"声音"，对于背景，是"背景"和"声音"。这些标签里的内容是需要添加的。方法和添加角色的方法相同。

试一试

给角色添加造型，给背景添加音乐。

添加的造型、背景以及音乐可以使用脚本积木区域对应的命令，从而实现动画、切换背景以及播放音乐的效果。

1.3 脚本区域及编程方法

脚本区域是我们写程序也就是"组装积木"的地方。Scratch画面的右边全部是这个区域，也就是图1-15中橙色框圈起来的区域。

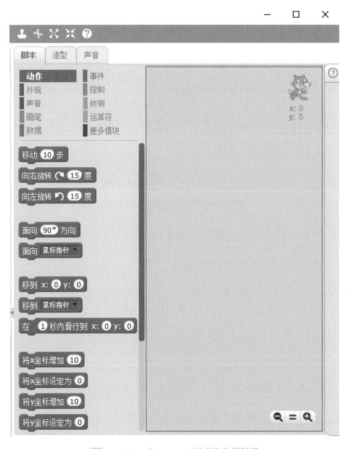

图1-15 Scratch的脚本区域

1.3.1 编程方法

Scratch的编程方法很简单，是通过积木块之间的连接实现的。我们先来看如何从积木区域中"取出"积木块。

这种操作是计算机中最典型的"拖曳–释放"方式。具体步骤如图1–16所示。

1）在积木区域的"脚本"标签下找到你需要的积木块，例如"动作"分类中的"移动10步"积木块。

2）把鼠标光标移到这个积木块上，按下左键，不要松手，此时你会发现积木块浮了起来。

3）移动鼠标到脚本区域，这个积木块也会跟着鼠标来到脚本区域。

4）松开鼠标左键，积木块就出现在脚本区域，并不再跟着鼠标光标移动。

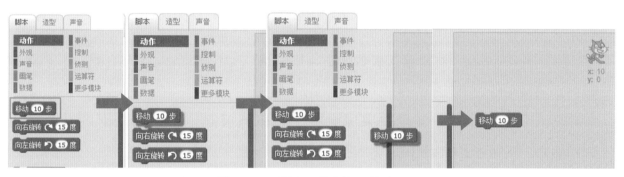

图1–16 移动"积木块"的步骤

上面的方法只是让你把积木块移到脚本区域，就如同你在玩乐高时，只是选好了你要用的积木块，要想拼出有用的东西，你还必须把积木块"组装"起来。

观察积木块，你会发现它并不是一个长方形，上面有一个缺口，下面有一个凸起。在连接两个积木块时，必须用上方的缺口对准另一个积木块下方的凸起，两个积木块才可以连接到一起（见图1–17）。图1–18所示为错误的"组装"方式。

图1–17 积木块的正确"组装"方式

图1-18 积木块的错误"组装"方式

思考一下

如果你发现了上面没有缺口，下面没有凸起的积木块，那么这个积木块可以在上面或下面直接连接其他积木块吗？

1.3.2 第一个程序

准备工作已经完成，现在进入我们的第一个程序！这个程序的任务是让舞台上的一个角色"说"Hello!

完成这个程序之前，我们先来讨论一下。任务很简单：让舞台上的一个角色"说"Hello。这句话里可以发现三个内容：

- 舞台上。
- 一个角色。
- "说"Hello。

1. 创建舞台背景

我们在舞台区域讲过，舞台需要有一个背景，为了让故事丰富多彩，你可以删除白色背景，选择一个你喜欢的背景，但应该是合理的。举个例子：如果你让一条鲨鱼（角色）在街道上"说"Hello……你是否觉得这样不符合常识呢？鲨鱼上街时已经渴死了，怎么还会说话？所以，合理的背景是必要的。

我们可以让一只小猫在丛林中说Hello。

现在，开始创建你喜欢的背景吧！

2. 创建角色

可以选择小猫作为这个程序的角色，当然这个角色也可以选择一个人物，然后把小猫删掉。

3. "说"Hello——编制程序

我们做任何事情时，都会有一个开始。对于一个程序来说，同样也需要一个起点。但这个起点需要有明确的标志，也就是要告诉计算机：你的任务从这里开始。

在Scratch中，最常用的起点是 [当 被点击]。在第一个程序里，它也将是程序运行的起点。

创建程序的起点。

具体的操作步骤如图1-19所示。

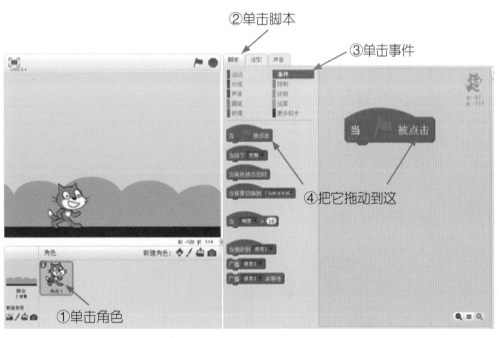

图1-19　编制程序的起点

注意　程序起点的顶上是一个圆弧，而没有缺口，这说明什么呢？作为程序执行的起点，它的上面是没有办法连接命令的！必须从它开始执行。

编写程序——让小猫"说"。

在建立了程序起点后，就可以开始堆后面的"积木"了，也就是写后面的程序。具体的步骤如下：

1）将"说"Hello的命令从工具箱拖到脚本区域。

2）将这个命令与程序头（见图1-20中的橙色框）连接。

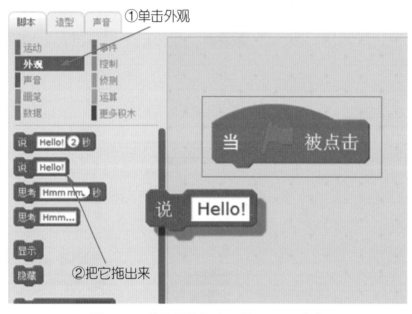

图1-20　从工具箱取出"说"Hello命令

编写程序的过程如图1-21所示。

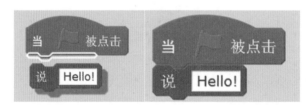

图1-21　堆叠积木——编写程序（左图：缺口对准凸起；右图：释放鼠标左键）

好啦！我们的第一个程序到这里就完成了。让我们一起来运行下！在舞台区域的右上方有一个灰色的小旗，当把鼠标光标移到上面会发现它变成了绿色（见图1-22）。"当▶被点击"就是指它被单击。

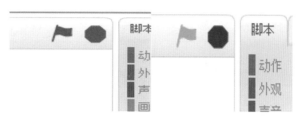

图1-22　灰旗还是绿旗?

好了，图1-23就是这个程序的运行结果。

图1-23　程序的运行结果

4. 保存程序

完成程序后，一定记得保存它。保存的方式如下。

1）鼠标左键单击左上角菜单栏中的"文件"（见图1-24）。

图1-24　"文件"菜单

2）文件菜单如图1-25所示，将鼠标光标移到第二项"保存"命令并单击。

图1-25 "保存"命令

3）此时弹出"保存项目"对话框（见图1-26）。

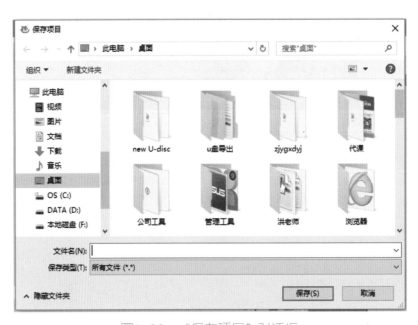

图1-26 "保存项目"对话框

4）在图1-26的"文件名"区域输入文件名，例如，Hello Scratch.sb2。

5）单击右下角的"保存"按钮，这样文件就被保存到桌面上，下次打开时，只需鼠标左键双击就可以直接打开这个文件。

> **注意**　在输入文件名时，一定记得加上".sb2"，否则在双击打开时会弹出"Windows无法打开此文件"的提示。

试一试

再次打开你的文件，之前保存的内容都保存好了吗？

1.4　小结

本章主要介绍了Scratch的几个基本概念，包括舞台、背景、角色、积木区域以及编程区域。随着课程的深入，大家会越来越熟悉。

同时详细描述了几个操作：创建和删除背景操作，创建和删除角色，在Scratch中编程，以及保存程序。这些操作都是必须掌握的！

利用上面学到的知识，我们完成了第一个程序——"说"Hello。这是一个良好的开端，随着学习的深入，你和计算机的对话会越来越自如！

第2章 顺序

有了第1章的基础，相信大家现在对编程的基本概念和Scratch的基本用法都有了一定的了解。

从这一章开始，我们就要正式进入编程设计的学习。本章首先引入顺序的概念，从简单的程序开始，给大家介绍一些基本的算法，由浅入深，由简单到复杂，使大家能够循序渐进地学会编写程序。接下来，让我们一起开始编程之旅吧。

2.1 顺序的基本概念

生活中，顺序无处不在。以生活中的小事为例，我们一起来学习一下什么是顺序。

每天早上出门之前，你是不是要先洗脸刷牙呢？以刷牙为例，我们来看一下什么是生活中的顺序。刷牙的步骤大概可以分为以下几部分：

1）站在洗漱台的旁边，拿起自己的刷牙杯，把牙刷和牙膏拿出来。

2）在刷牙杯中接入水，在牙刷上挤上牙膏，将牙膏放在一旁。

3）用牙刷轻轻地清洁牙齿。

4）牙齿清洁完毕后，用刷牙杯中的漱口水把口中的牙膏泡沫冲洗干净。

5）清理牙刷和刷牙杯上的泡沫，将牙刷、牙膏和刷牙杯放回原位。

这就是我们刷牙的完整步骤，思考一下：在这个过程中，如果每一步动作的先后顺序发生了变化，你还能完成刷牙这个任务吗？答案明显是不能的。

从上述例子中可以看出，尽管是生活中非常细小的一件事，如果细心去想，会发现其中都包含一定的步骤和顺序。大多数情况下，这样的顺序不能随意改变。

2.2　新来的英语老师

在看过前面所讲的刷牙的例子之后，相信你对生活中的顺序已经有了一定的了解。同样，在计算机编程中，程序本身也有一定的顺序。那么，编程的顺序指的是什么呢？让我们一起来看一个程序中的顺序。

背景：教室（chalkboard）

角色：英语老师（Abby）

故事：班上来了一位新的英语老师，她叫Abby。

　　　第一天上课，她要教大家一个英语单词：Hello。

玩法要求：

单击绿旗后，老师开始讲课。

老师依次说出H，E，L，L，O，HELLO！

现在，让我们一起来看一下这个故事是如何实现吧！

首先，双击打开Scratch软件，从背景库中选出教室的背景，在角色区中将小猫的角色删除，从角色库中选出老师和学生这两个角色（见图2-1）。完成这些基本的准备之后，我们来看一下如何编写老师的程序。

图2-1　新来的英语老师

在之前的学习中，我们讲过一个让小猫"说"Hello的程序。在这里我们再一起回顾一下，思考两个问题："新来的英语老师"这个故事中，程序运行的起点是什么？让英语老师说话的命令在哪里呢？

正确的答案是：第一个问题，如何看程序运行的起点，注意玩法要求中，单击绿旗后，老师开始讲课。那么，老师开始讲课的开关就是绿旗，所有的程序都是在单击绿旗之后开始运行。因此，故事中程序运行的起点就是"当 ▶ 被点击"，这个命令在"事件"里面。第二个问题，让老师说话的命令在"外观"里面叫作说"Hello!"。

解决了以上两个问题之后，首先让英语老师在单击绿旗之后说"Hello!"（见图2-2）。

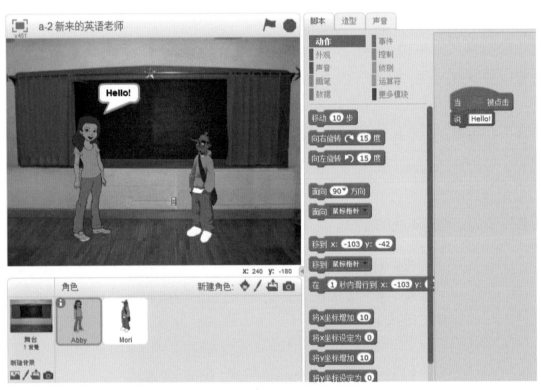

图2-2 英语老师说"Hello！"

英语老师可以说"Hello！"之后，我们再来看一下怎么让她说别的命令。如图2-3所示，"说Hello!"这个命令里面，"Hello!"是可以更改的，用鼠标单击这个地方，可以看到"Hello!"被一个蓝色的阴影盖住，这时候用键盘输入你需要的字，例如H，说的内容就

被更改了。

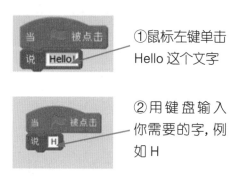

①鼠标左键单击 Hello 这个文字

②用键盘输入你需要的字，例如 H

图2-3　修改"说Hello！"命令

实现这一步之后，用同样的方法，从外观中依次取出多个"说Hello！"这个命令，对文字的内容进行更改，可以让英语老师按顺序说出H，E，L，L，O，HELLO。

在完成这一步之前，有一个很重要的问题需要思考，图2-4中的三段程序，你觉得哪一段能够按顺序说出H，E，L，L，O呢？

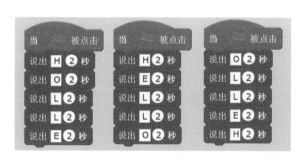

图2-4　三段程序

如果能够很快地判断出第二段程序是正确的，那么你非常棒！

注意，这三段程序中，只有第二段程序能够按顺序依次说出H，E，L，L，O。这是因为，每段程序在计算机中运行时，程序的命令都是由上而下，一个一个，依次运行的。如果你任意调换了两个命令的顺序，那么计算机运行的结果和你要实现的目标可能就会不一样。这就是我们所说的程序运行的顺序。

在某些情况下，一些程序的运行顺序发生变化后不会对故事的结果产生影响，我们可以将它进行调换。

明白了什么是程序运行的顺序之后，你就可以继续完成这个程序了。

试一试

单击绿旗后，你的英语老师实现玩法的要求了吗？

2.3 魔法钢琴

学习了编程的顺序结构之后，让我们一起来看一个新的故事吧。

背景：doily，hearts，light

角色：1-Grow，2-Grow，3-Grow

故事：这是一架带魔法的钢琴，弹奏音符的时候不仅有美妙的声音、神奇的变化，还有奇幻的背景。

玩法要求：

按键盘上的1，2，3键，弹奏出do，re，mi的声音，发音的时候，音符会变大一下又变回原样，每个音符发音时有不同的背景。

现在，让我们一起来看一下这个故事是怎么实现的。

首先，打开Scratch，从背景库和角色库中选出我们需要的背景和角色。

在背景库中，我们要选出三个背景。但这时候，舞台上只能看到一个背景（见图2-5）。

图2-5　魔法钢琴

如何查看自己一共添加了几个背景呢?

如图2-6所示,首先选中舞台背景,然后单击脚本旁边的背景,这时看到的背景就是你已经成功添加的背景。可以看到此时背景区有三个背景,角色区有三个角色。完成这一系列准备工作后,就可以开始你的音符编程之旅了。

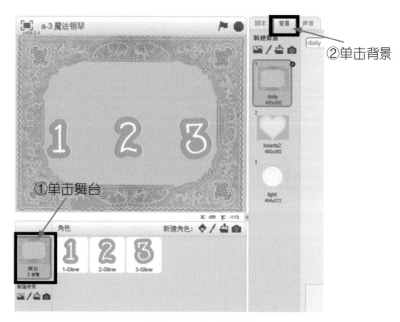

图2-6 查看背景

以角色1-Grow为例,我们一起来分析这个角色的动作。

角色的程序可以分为以下几部分。

1)程序运行的起点:当按下1键。

2)角色的大小变大。

3)背景切换到角色1的背景。

4)发出do的声音。

5)角色的大小变小。

接下来分步骤介绍。

1. 程序运行的起点：当按下1键

在前面的内容中我们学习过"当▶被点击"命令。在这个故事中，按下键盘上的1键，角色开始有动作，因此，我们用一个新的程序起点，如图2-7所示，在事件中有一个命令叫作"当按下空格"。

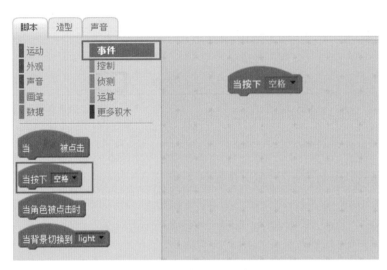

图2-7　当按下空格

注意，此时"空格"这个地方是可以更改的，单击空格旁边的黑色小三角，可以看到图2-8所示的命令，这时候可以更改，我们将它改为"当按下1"，表示此时程序开始的开关是按键1。

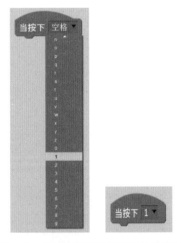

图2-8　修改按键控制程序的起点

2. 角色的大小变大

我们看一下有哪些命令能够改变角色的大小。在脚本的外观中有两个命令可以改变大小，一个是"将角色的大小设定为"，另一个是"将角色的大小增加"，如图2-9所示。

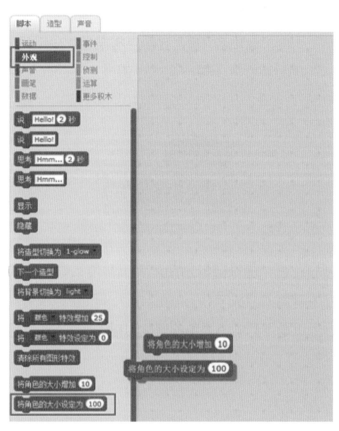

图2-9　改变角色大小的命令

这两个命令有什么区别呢？

回答："将角色的大小设定为100"是指给这个角色规定一个固定的大小，这个大小是确定的，无论之前角色的大小是多少，在运行这个命令之后，角色的大小都会变为100。

"将角色的大小增加10"是指在当前角色大小的基础上进行改变，希望角色变大就输入一个大于零的数，希望角色变小就输入一个小于零的数。

 命令中"10"和"100"的位置，可以通过键盘输入改变具体数字。

如何让角色的大小变大呢？我们可以采用两种方法来实现。

方法一：首先将角色的大小设定为100，之后再将角色大小设定为200。因为两次设定的大小不同，第二次大小的设定要大于第一次大小的设定，因此角色大小发生了改变，如图2-10所示。

图2-10　第一种改变角色大小的方法

细心的你有没有发现这两个命令运行后角色大小并没有变化呢。这是因为计算机程序运行得非常快，在你按下键盘上的数字1后，角色的大小飞快地改变了两次，这时候因为我们肉眼辨识能力有限，所以看不到角色大小的变化过程，以为是程序没有起作用。

程序运行过快有什么解决办法吗？

在生活中如果遇到说话很快的人，快到听不清他在说什么，我们是不是通常会让他说慢一点，慢到你可以理解他说的每一句话。同样，在这里我们也可以让计算机程序运行得慢一点。我们不能改变计算机每条命令运行的速度，但是可以在程序运行的中间让它稍微等一会。如图2-11所示，在控制中有一个命令叫作"等待1秒"，我们把这个命令放在这两个命令中间。这次再运行一下，你看到角色的大小变化了吗？

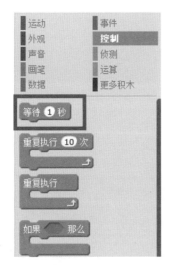
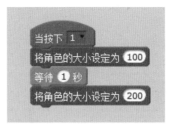

图2-11　改进后的改变角色大小的方法

方法二：直接使用"将角色的大小增加"的命令，如图2-12所示。

图2-12　第二种改变角色大小的方法

3. 背景切换到角色1的背景

如图2-13所示，在脚本的外观中，有一个命令叫"将背景切换为"，命令的背景名称旁边有一个黑色的小三角，点开之后有你添加的所有背景的名字，选择角色1的背景的名称。

4. 发出do的声音

如图2-14所示，在脚本的声音中，有一个命令叫"弹奏音符60/0.5拍"，"60"的旁边有一个黑色的小三角，点开之后是一个钢琴键盘，选择do的声音。

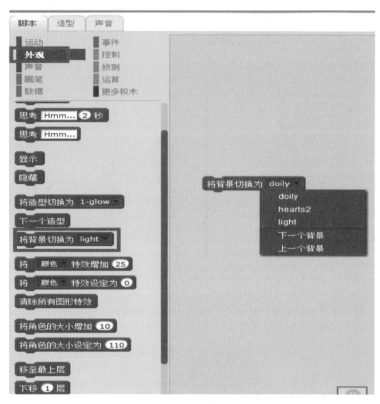

图2-13 切换背景

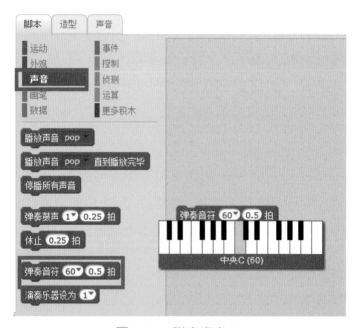

图2-14 弹奏声音do

思考一下

如果先发出do的声音，再切换背景，会对结果产生影响吗？你可以尝试一下更改两个命令的运行顺序，看看会不会对结果产生影响。

5. 角色的大小变小

角色大小变小的方法和角色大小变大的方法一样，只是命令中的数字发生了改变。我们依然有两种方法实现。

方法一：使用角色大小设定的方法（见图2-15）。

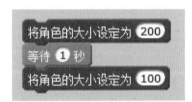

图2-15 第一种角色大小变小的方法

方法二：使用角色大小增加的方法，注意，角色大小减少时，输入一个小于零的数字，在数字前面加一个减号"–"，表示这个数字小于零（见图2-16）。

图2-16 第二种角色大小变小的方法

这样我们就把角色1-Grow的动作一步步分解完成了，接下来要做的就是将这些分解的命令按运行顺序连接在一起。组合完成之后，按下键盘上的数字1，舞台上角色1-Grow实现它的任务了吗？

同样的方法完成角色2-Grow和3-Grow的程序。

现在试一试，你的钢琴开始它的魔法演奏了吗？

注意　完整的程序会附在本章内容的最后一部分，如果你在这个程序中还有什么地方存在问题，可以去本章的最后查看完整的程序代码。

2.4 代码画家

学习了魔法钢琴后，你是不是对顺序结构有了更深的理解呢？接下来，让我们一起学习一个新的小故事吧！

背景：白色背景

角色：画笔（pencil）

故事：这是一只多功能小画笔，可以根据你想要的，画出不同类型的线条。

玩法要求：

按下键盘上的1键，画笔画出一条直线。

按下键盘上的2键，画笔一次画出三条直线，三条直线间隔相等。

按下键盘上的3键，画笔一次画出三条直线，直线之间没有间隔，三条线粗细不同（见图2-17）。

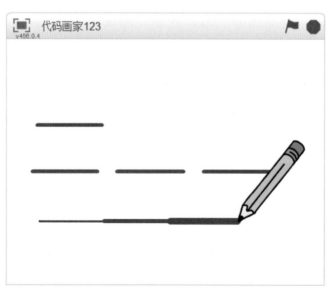

图2-17 代码画家123

现在，我们一起看一下这个神奇的画笔是怎么实现的。

首先，打开Scratch，从背景库和角色库中选出我们需要的背景和角色。

因为背景是一个纯白色的，因此不需要从背景库中选择新的背景。从角色库中选出画

笔之后，我们来看一下画笔这个角色的造型。

什么是造型？如果你看过舞台剧，细心的你会发现，舞台上的演员每次出场时穿的衣服，做的动作可能都是不一样的。如果你没看过舞台剧，那也没有关系，动画片里的人物在每集出场的时候是不是有时候也会穿不一样的衣服，做不一样的动作呢？

尽管他们穿了不一样的衣服，做了不一样的动作，但是你还能认出来这就是一个角色，是吗？这就是我们所说的一个角色可以有多个造型，但无论有多少个造型，他都是一个角色，这一点要特别注意。我们每次写程序，是写给这个角色的，这个角色的所有造型都属于这一个角色，因此，程序对所有造型都是有用的。

如何查看角色的造型呢？如图2-18所示，选中角色画笔，单击造型，可以看到造型区现在有两个造型。

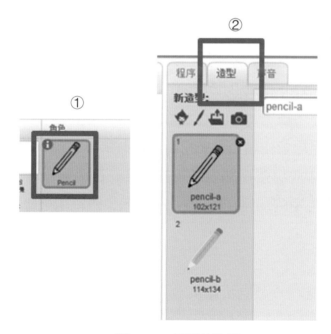

图2-18 画笔的造型

每个角色都有一个造型中心（见图2-19）。造型中心指的是这个角色和舞台接触的地方。默认情况下角色库中的角色在造型中心的正中间。现在，单击右上角的加号，可以看到画笔现在的造型中心在画笔造型的中间位置。

孩子趣味学编程之Scratch篇

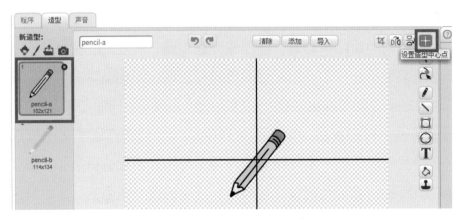

图2-19 设置造型中心

我们平时写字画画的时候，是笔的什么位置和纸在接触呢？

    答案是笔的笔尖位置在和纸接触，在计算机上也是一样的，为了让舞台演示的效果更像是画笔在舞台上画线，我们将画笔的造型中心调整到画笔的笔尖。

    调整造型中心的具体方法是：单击右上角的加号，看到有一个十字出现在画笔的中间，用鼠标左键单击十字后按住鼠标不要松手，这时候移动鼠标可以看到这个十字跟着鼠标光标移动，把十字中心缓慢移动到画笔的笔尖，这时候松手放开鼠标，画笔上的十字消失。再次单击右上角的加号，如图2-20所示，画笔的造型中心已经移到画笔的笔尖。

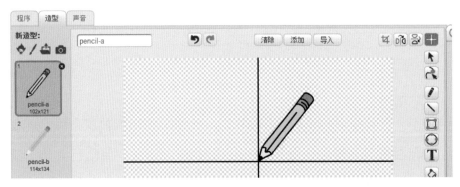

图2-20 造型中心在画笔的笔尖

完成这一系列准备工作后，就可以开始实现神奇的画笔功能了。

在分析画笔的程序之前，可以想一下，如果你要用笔在纸上画一条直线，需要怎么去完成呢？

我们一起分析一下你的动作：

1）拿出一张纸和一支笔，此时应该确定自己拿的笔是什么颜色以及笔的粗细。

2）把笔放在纸上。

3）确定这条直线的方向，手向着这个确定的方向带动笔在纸上移动一定距离。

4）把笔从纸上拿起来。

通过这四个步骤，你就完成了在纸上画一条线的任务，同样的方法，可以完成画笔在舞台上画一条线的任务。按照这四个步骤的顺序，我们来学习一下每一步在计算机中怎么实现。

2.4.1 画一条直线

怎么实现按下键盘上的1键，画一条直线呢？在这里，我们还是一步一步地去思考。

1）程序运行的起点：在脚本的事件中找到"当按下空格键"，将"空格"改为"1"。

2）拿出一张纸和一支笔：此时，我们的纸就是舞台的白色背景。笔就是我们的画笔这个角色，可以先确定画笔的颜色和粗细。确定画笔颜色和粗细的命令在脚本的画笔命令中，如图2-21所示。

3）把笔落在纸上：这里我们将画笔落在舞台上，在脚本的画笔中，有一个命令叫作"落笔"（见图2-22）。

4）确定直线的方向并移动手带动笔在纸上画线：当我们在生活中实际画线的时候，可以通过手控制笔的方向，在计算机里，我们直接用命令控制画笔的移动方向，确定好方向后，让画笔移动一定的距离。控制画笔方向和移动距离的命令在脚本的动作区域，分别是"面向90方向"和"移动10步"，如图2-23所示。

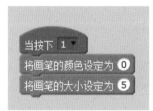

图2-21　画笔颜色和大小的设定

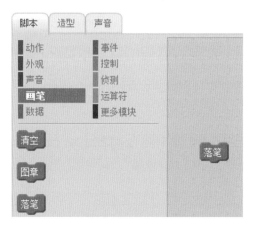

图2-22　落笔命令

图2-23 确定画笔方向和移动距离

要注意的是，"90"和"10"都是可以进行更改的，单击"面向90方向"这个命令的黑色小三角，可以看到有四个选择，分别是向右、向左、向上和下移。除此之外，你还可以通过键盘上输入的方式改变它的数字。

5）将笔从纸上拿起来：这里我们让画笔离开舞台。在脚本的画笔中有一个命令叫作"抬笔"（见图2-24）。

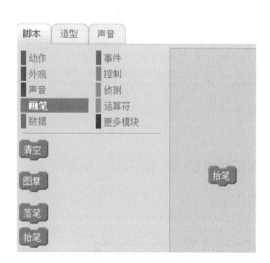

图2-24 抬笔命令

这样我们就把画笔画一条线的动作一步步分解分析完了，接下来要做的就是将这些分解的命令按顺序连接在一起。

试一试

组合完成之后，按下键盘上的数字1键，舞台上的画笔画出一条线了吗？

2.4.2　画三条直线，三条直线间有间隔

掌握了画一条直线的方法，相信你也可以完成画三条直线的任务，这里的难点是，怎么实现直线间有间隔呢？我们还是分步来看这个问题。

1）程序运行的起点。

当按下键盘上的2键。

2）按之前介绍的方法画第一条线。

3）把笔从纸面拿开，向之前确定的方向移动一段距离：如果在画第一条线时，你的最后一步是抬笔，此时你的笔应该不在舞台上。想象一下，我们在纸上画线时，如果需要线与线之间有间隔，是怎么实现的。

通常的做法是把笔从纸上拿起来，手拿着笔移动一段距离，确保间隔已经足够，再把笔放在纸上画线。同样地，在计算机上，我们可以控制画笔的移动。移动的命令在介绍画笔画线的时候已经讲过，相信大家可以独立完成。移动一段距离之后，我们再进入下一步，开始第二条线的绘制。

4）落笔，画第二条线。

5）把笔从纸面拿开，向之前确定的方向移动一段距离。

6）落笔，画第三条线。

2.4.3　画三条直线，三条直线粗细不同

当掌握了画一条直线的方法后，相信对你来说，画三条直线也很容易。这里的三条直线不再是三条有间隔的、等长、粗细相同的线。这次要画的线是三条粗细不同的直线。同样地，我们分步来看这个问题。

1）程序运行的起点。

当按下键盘上的3键。

2）画第一条线。

思考一下：画线的时候还需要抬笔的命令吗？

3）更改画笔的粗细，画第二条线。

画线之前，首先区分两个命令，还记得我们在魔法钢琴里面讲的"将角色的大小设定为100"和"将角色的大小增加10"这两个命令的区别吗？在讲画线的时候我们讲过，设置画笔的粗细用了一个命令，叫作"将画笔的大小设定为"。现在来看一下以下两个命令的区别。此处如果有不明白的地方，可以参考魔法钢琴中将角色大小变化的内容讲解（见图2-25）。

改变画笔的大小同样有两种方法（见图2-26）。

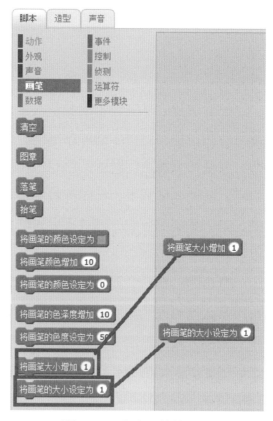

图2-25　改变画笔的大小

图2-26　改变画笔大小的两种方法（左图：方法一；右图：方法二）

4）更改画笔的粗细，画第三条线。

好的，现在我们已经实现了画笔的三个功能，赶快用你的键盘操作一下你的小画笔，看你能否成为神奇的代码画家吧！

2.5 小结

　　在本章我们从生活中的顺序入手，通过讲解一个简单的程序——新来的英语老师，介绍了什么是程序运行中的顺序结构。顺序结构是最简单的程序结构，也是最常用的程序结构，只要按照解决问题的顺序写出相应的语句就行，它的执行顺序是自上而下，按步依次执行。在有些情况下，程序的顺序是固定的，不能随意更改命令的先后位置。但在另一些情况中，某些命令的先后并不会对结果产生影响，这时候，几个命令的运行顺序可以进行改变。

　　魔法钢琴是一个简单的小故事，通过控制键盘上的按键，能够改变角色的大小、背景和声音，同时控制角色间的动作切换。在这个故事中，你会学到新的程序运行起点以及简单的角色外观的控制。程序的每一步都可以通过舞台上角色的变化看到，直观地理解什么是程序的顺序结构。在这个故事中你会发现，先切换背景后发出声音，或者先发出声音再切换背景，这两种不同的处理方法对故事的发展和结果并不会产生结果。因此，在这个故事中，你既需要理解程序是按顺序一步一步执行的，同时还需要知道，在某些情况下，如果程序中某些命令的先后顺序对结果不会产生影响，这时候，命令的顺序是可以改变的。

　　代码画家是一个相对复杂的程序，通过控制键盘上的按键，你要实现一支画笔画出三种不同类型的线。以画一条直线为基础，我们从生活中实际的绘画过程入手，分析了画线的每一步，将这看似简单的问题细致化。你会发现，尽管这个动作很简单，但要将每一步都分析出来并不容易。在分析的过程中，希望你能够学会这种将问题按步骤分步处理的方法，把角色的动作逐步梳理清楚，这样才能够让自己的程序更加清晰。在这个程序中你会发现，每一步的动作都会对下一步产生影响，命令之间不能随意调换顺序。这就是我们所说的，当程序的命令先后对结果有影响时，是不能随意改变它们的。代码画家的第二步和第三步比较复杂，如果你已经完成了，那么你可以看到自己的程序会比较长。顺序结构是最基础的程序结构，任何复杂的问题，只要你可以将每个角色的动作想清楚，按步分开，都是可以用顺序结构来实现的。但在有些情况下，复杂的顺序结构可以用一些别的方法来简化，这就是我们后面要讲的内容。

2.6 拓展

2.6.1 新来的英语老师

角色：英语老师（Abby）

完整代码如图2-27所示。

图2-27 角色英语老师（Abby）的完整代码

2.6.2 魔法钢琴

角色：1-Grow

完整代码如图2-28所示。

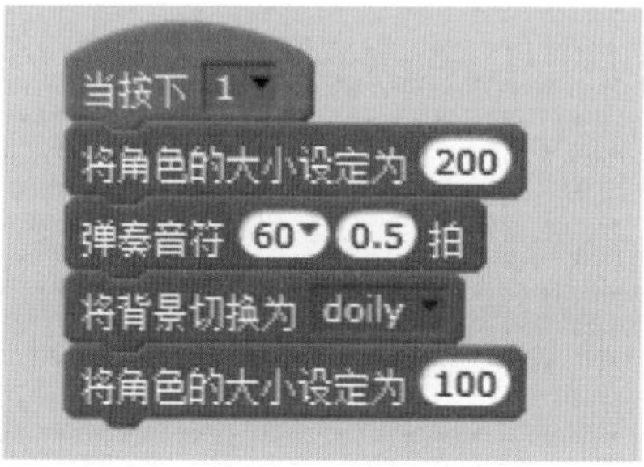

图2-28 角色1-Grow的完整代码

角色：2-Grow

完整代码如图2-29所示。

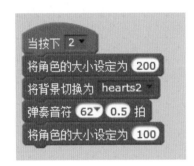

图2-29　角色2-Grow的完整代码

角色：3-Grow

完整代码如图2-30所示。

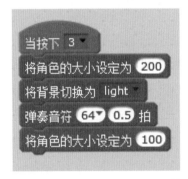

图2-30　角色3-Grow的完整代码

2.6.3　代码画家

角色：画笔（pencil）

完整代码如图2-31所示。

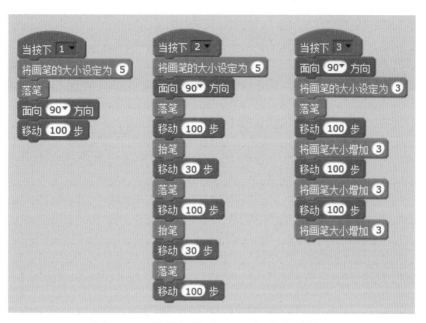

图2-31 角色画笔（pencil）的完整代码

第3章 循环

第2章中，我们介绍了计算机语言中的三大结构之一：顺序。本章将学习另一个重要的结构：循环。首先我们会向大家介绍循环的概念，然后向大家逐步展示循环的几种用法。

3.1 循环的基本概念

3.1.1 你喜欢的书或电影看了几遍呢？

平常大家都喜欢看书吧？最喜欢哪本呢？《哈利·波特》？和你的朋友讨论时，你也许会说：《哈利·波特》，我都看了三遍了！你的朋友们会立刻对你刮目相看，哇！都看了三遍。

这句话很简单，但包含了两个重要信息：

● 看《哈利·波特》。

● 三遍。

第一个信息说明什么呢？你做了一件事，这件事是"看《哈利·波特》"。第二个信息说的是你做这件事的次数——三遍！同样的例子你可以举出很多："我把这首诗背了两次""他绕着操场跑了5圈"……这些例子的共同特点是"做一件事+次数"。

对应于计算机语言的结构，就是"循环"。

循环的英文是"loop"，意思是：The actions of doing something over and over again。译成中文就是：一个或一组反复执行的动作。

结合上面的例子，可以看出，对于循环来说，有两点很重要：执行的动作，要做多少次，也就是次数。

　　使用循环有什么好处呢？我们再来看《哈利·波特》。你如果说："我看了一遍《哈利·波特》，我又看了一遍《哈利·波特》，我接着又看了一遍《哈利·波特》。"怎么样？很麻烦吧，你得说三遍来表达你看了三次，这个对应于第2章，通过"顺序"的方法实现了你想要说的。但如果你说"我看了《哈利·波特》三次"，那么意思是一样的，但是你用很短的一句话就表达了上面三句话的意思。

　　这就是使用循环来处理重复动作的好处——简洁。

3.1.2　Scratch中的循环

　　在Scratch中，循环是用一些看上去很特殊的积木块来实现的。这个积木块在Scratch积木区的"控制"分类里（见图3-1）。

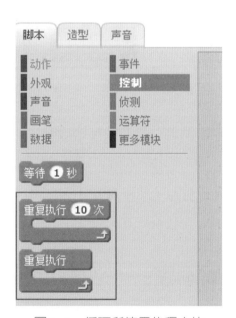

图3-1　循环所使用的积木块

　　在图3-1中，蓝色方框的那两个积木块就是代表循环的积木块，这些积木块像不像一个张开的大嘴？你能想象要被反复执行的动作积木块应该放到哪里吗？

试一试

这个大嘴怎么用呢？

答案是放到"嘴里"。不用担心，虽然原有"积木块"的嘴看上去不够大，但是里面加入其他积木块后，它会自然扩大的。

在图3-2中，"移动10步"那个积木块就像你说的"看《哈利·波特》"一样，是循环的内容，"重复执行10次"是循环的次数。

如果想要修改循环的次数，应该怎么做呢？在第2章里，我们讲了如何修改Scratch积木块里的数字，这里的修改方式是一样的。复习一下具体步骤。

1）鼠标单击"重复执行10次"，其中的"10"会变成灰底。

2）输入想要重复的次数，例如"5"，就可以了。

过程如图3-3所示。

图3-2　Scratch的循环　　　　图3-3　循环次数的修改

是不是很简单啊。现在赶紧尝试运行这两个程序段吧。

注意　　测试之前别忘了在顶上加上"当 ▶ 被点击"。

3.2　代码画家——次数明确的循环

在第2章里我们已经学习了在Scratch中如何使用画笔来画直线，其中所有的程序都是用顺序来实现的，那么现在一起来看下循环如何帮我们把程序写得很简洁。

我们来看那个三条连续横线的程序。还记得要求吗？

背景：白色背景

角色：画笔（pencil）

玩法要求：

当单击绿旗后，画笔一次画出三条直线，每条直线长100步，三条直线间隔20步。

还记得我们用顺序是怎么实现的步骤吗？

1）设定画笔粗细。

2）落笔，移动100步，抬笔，移动20步。

3）落笔，移动100步，抬笔，移动20步。

4）落笔，移动100步，抬笔。

图3-4是画出的结果以及用顺序实现的程序。发现了什么特点吗？

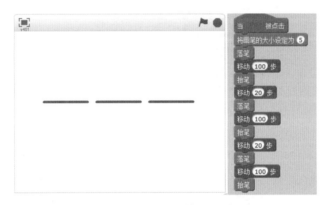

图3-4　三条横线及程序

如果把程序像图3-5这样切开，两个橙色方框里的程序是一模一样的。蓝色方框里的程序段与橙色方框里的程序段只差了一个"移动20步"，如果我们加上这个积木块，对画出的图形有影响吗？

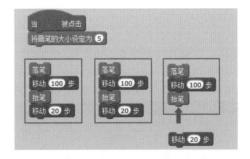

图3-5　切开程序

分别在Scratch里写下上面的两段程序，画出的结果相同吗？

画出的图形是一样的！那么最后添加了"移动20步"的命令之后，三段程序的积木块是完全一样的，意味着这段程序被执行了三次！那么想到怎么修改程序了吗？

答对了！我们可以用循环来实现它。程序会变得简短了很多（见图3-6）。

图3-6　使用循环后的程序

注意　　这里面也提示了一个很重要的问题，循环里面的内容执行完最后一个命令后会返回到循环的第一个命令继续执行。

现在，让我们一起看一下2.4.3节中的伸缩棒如何画（见图3-7）。

问题描述如下。

背景：白色背景

角色：画笔（pencil）

玩法要求：

当单击绿旗后，画笔一次画出三条直线，每条直线长100步，第一条直线宽度是3，第二条直线宽度是6，第三条直线宽度是9。

图3-7　伸缩棒

可以采用上面的方法，先用顺序的方法完成任务，然后再分析程序中重复的部分，改用循环实现。

这里，我们介绍另外一种直接从题目上分析的方法。

题目中，第一句话是3条直线，那就意味着我们考虑使用循环，次数是3，依此可以确定循环的一个重要内容——循环次数。

第二句话是每条直线长100步，这句话告诉我们落笔后对每条直线来说移动的长度是相同的，是可以在循环里面执行的。

第三句话是第一条直线宽度是3，第二条直线宽度是6，第三条直线宽度是9。这三个数不同，有些麻烦。这时候，我们需要找规律了——每条线比之前的粗细增加了3。这样又变成重复增加某一个固定的数值了，所以我们需要的是在循环中让线的粗细增加一个固定的数值——3。

试一试

根据上面的分析，用循环完成这个程序。

伸缩棒的完整程序如图3-8所示。

图3-8 伸缩棒的程序

③.③ 不停地舞蹈——无限次循环

在图3-1里，细心的你会注意到一个很特殊的循环——没有指定次数的循环（见图3-9）。

图3-9 无限次循环

这个循环的特点是没有办法设定执行次数，循环的内容会一直执行下去。如果不通过程序设定，那么只有按下舞台区域绿旗旁边的红色按钮才会终止。

接下来我们通过点谁谁跳舞的舞蹈大会来了解无限次循环。

背景：游乐场（atom playground），聚会（party），音箱室（party room）

角色：Cassy Dance，Catherine Dance，D-Money Hip-hop

故事：三个小朋友都是舞蹈高手。每个人准备的舞蹈和舞台设计都不一样。他们都想第一个跳，争执不下。于是决定权交给了玩家。

玩法要求：

单击绿旗音乐响起。

玩家点谁谁就跳舞。

每个人跳舞的背景不同（见图3-10）。

图3-10　舞蹈大会

我们的故事中有三个背景，三个角色，在开始程序之前，我们需要先增加背景和角色。

背景可以从背景库中选择三个，只要你认为是合适跳舞的场地都没有问题。

增加角色时，特别注意从角色库的"舞蹈"分类中选取（见图3-11）。

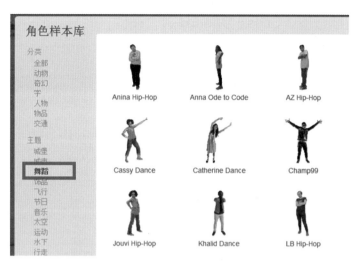

图3-11 角色库"舞蹈"标签中的角色

这个标签中的角色与其他普通的角色有什么特殊之处呢？我们对比一下Cassy Dance和Maya（见图3-12）。

图3-12 不同角色的造型

在工具箱的造型标签下，Cassy Dance有4个造型，而Maya只有1个造型。想一下，如果让角色的造型不停变化是什么效果？对于Maya来说，如果切换造型，那么结果没有变化，因为只有一个造型。但对于Cassy Dance就不同了，当你改变她的造型时，你会发现她在舞台上有了动作！

在Scratch中，有两个可以改变角色造型的命令（见图3-13）。

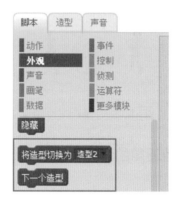

图3-13　改变角色造型的命令

将造型切换为 造型2 这个命令会将角色的造型切换为某一个固定的造型，这个固定的造型是由造型的名称决定的。

下一个造型 这个命令没有指定具体的造型，如果多次执行，那么角色会按顺序由上向下切换，当切换到最后一个造型后，再运行"下一个造型"，则造型会切换到第一个。

试一试

> 把Cassy Dance作为角色，用鼠标连续单击程序区域的下一个造型，Cassy Dance完成了什么动作呢？

Cassy Dance跳舞了！

下面我们来看一下如何用程序来让Cassy跳舞。

3.3.1　用程序让Cassy舞蹈

在前面的操作中，我们用连续单击"下一个造型"的方式，让Cassy跳舞，这相当

于让角色连续运行"下一个造型"这个命令，在程序中，可以让这个命令循环执行。在Scratch中，具体程序如图3-14所示。

图3-14　疯狂的跳舞

试一试

在程序区域中写下这一段代码，然后单击，发现了什么？

Cassy像电影中的快放一样，不停快速舞蹈，以致你可能看不清人物的舞蹈动作！这和我们日常生活中看到的电影或动画片是不一样的！

为解决这个问题，我们先来看一下电影或动画的原理：你以前可能看过组成电影的实际胶片。从表面上看，它们像一堆画面串在一条塑料胶片上。每一个画面称为一帧，代表电影中的一个时间片段。这些帧的内容总比前一帧有微小变化，这样，当电影胶片在投影机上放映时就产生了运动的错觉：每一帧都很短并且很快被另一个帧所代替，这样就产生了运动。

有点复杂吧！简单地说，就是一幅幅图片在你眼前快速翻过，然后你会感觉图片中的人物动了起来。根据人眼的特点，当每秒有24帧以上的图片从你眼前翻过时，会产生连续感。如果太多了，那么人物动作会很快，眼睛就有点反应不过来了，就像你用上面的程序实现的舞蹈。

那么，我们怎么让Cassy的舞蹈动作慢下来呢？在程序命令区的"控制"标签中，第一个命令是"等待1秒"，我们可以把它加入程序中来看一下效果。怎么样？我们的舞蹈是否又变成了一个慢动作？但是它让Cassy的舞蹈慢了下来！

我们可以修改 等待①秒 中圆圈里的"1"，例如变成0.1，那么你会发现舞蹈动作就合理了很多。

现在，程序变成了图3-15所示的样子。

在Scratch里，很多时候，我们可以通过这个命令来改变动作或快慢。

但需要解释的是，这个命令并不是让动作的执行变慢了，而是执

图3-15　合理的舞蹈

行完了上一个命令，然后执行"等待0.1秒"这个命令，从程序的实现效果上看，让角色的动作变慢了。

3.3.2 点谁谁跳舞以及背景切换

在这个跳舞的程序里，我们有两项特殊要求：

● 玩家点谁谁跳舞。

● 每个人跳舞的背景不同。

点谁谁跳舞，这句话实际上包含了两个动作：①鼠标单击角色；②角色跳舞。鼠标单击角色，在Scratch中可以有一个命令直接实现（在"事件"标签里），如图3-16所示。

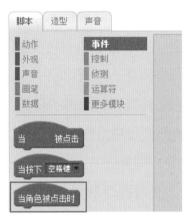

图3-16   "当角色被点击时"命令

需要注意的是，这个命令的顶上是个圆弧，下面是一个凸起，这意味着这个命令是程序运行的起点，顶上是没有办法连接命令的！

试一试

把这个命令拖到程序区域里，把图3-14的程序块连接到它的下方，然后单击角色看看发生了什么？

下面只需要增加切换背景的命令就可以了，这一功能我们在魔法钢琴中已经学过，这里就不再多说了。

最后，我们得到了一个角色跳舞的完整程序（见图3-17）。

图3-17 角色舞蹈的完整程序

3.4 电风扇——如何中止无限次的循环

在3.3节中，我们讲述了如何使用无限次循环，有时，我们需要中止这种循环。例如在3.3节的舞蹈比赛中，单击第一个角色后，他（她）会跳起舞蹈，但单击第二个角色的时候，第一个角色的舞蹈还会继续，并不停止。如果想要中止第一个角色的舞蹈，我们需要用到一个积木块——"停止全部"（见图3-18）。

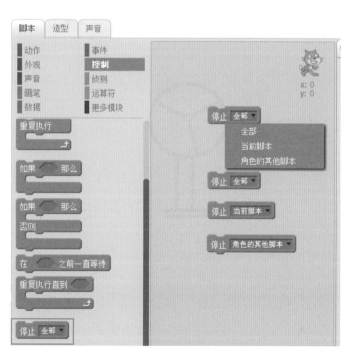

图3-18 停止全部

在"控制"分类下，有一个"停止全部"积木块。如果把它拖到程序区域，单击积木块右边的小三角，会显示三个选项：

停止 全部 ▼ ：所有正在执行的程序（包括背景、角色）都会停止执行。

停止 当前脚本 ▼ ：只停止使用这个命令的程序段。

停止 角色的其他脚本 ▼ ：本角色使用这个命令的程序段继续运行，但其他程序中止运行。

下面我们来看"电风扇"任务。

背景：空白背景

这意味着你不需要做任何操作。

角色：电风扇的框架，电风扇的扇叶

玩法要求：

当单击绿旗时，风扇叶片转动起来。

当按下1键，风扇转速提高到1挡（转速提高）。

当按下2键，风扇转速提高到2挡（转速更高）。

当按下3键，风扇转速提高到3挡（转速最高）（见图3-19）。

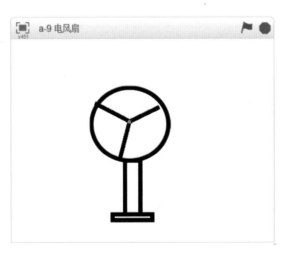

图3-19　电风扇

问题分析：这个问题的要求是角色在不同的档位下以不同的速度旋转，而且我们不知道什么时候会切换挡位。那么，我们可以先写出角色旋转的程序，然后再来完成提高旋转速度的程序。

在我们开始写程序之前，先来完成准备工作：添加背景和角色。

框架和扇叶是两个角色！想一想为什么？

这两个角色都需要用"新建角色"中的"绘制新角色"画出来（见图3-20）。

图3-20　电风扇的角色

扇叶的造型需要特别注意，造型中心点必须是图3-20中那个黄色的点。否则你的扇叶就变成了回旋镖。

在创建完角色后，就可以给扇叶编写程序了。

试一试

当单击绿旗时，风扇叶片转动用哪个命令可以实现？为了让它不停转动，我们是否应该把转动的积木块放到循环的命令中？

好吧！现在公布答案，如图3-21所示。

图3-21　单击绿旗后电风扇旋转的程序

当我们按下不同的键时，转速不同，在"魔法钢琴"中，我们已经用过了 ，以及学习了如何将命令中的"空格键"改为数字，现在我们只需要在这个命令下写下重复执行的命令，然后修改 向右旋转 ↻ 10 度 命令中的"10"就可以了，如果想要转快，那么把数字改大一些就行。

问题来了，当按下2键，电风扇快速地转了起来，但当你按下1键，你会发现电风扇不能把速度降下来，还保持着按下2键的电风扇旋转的速度。这并不是说，只有2键有用，而意味着这两段程序同时在运行，表现出来的只是风扇转速高的那个。

这意味着，在按下某一个键时，应该让与这个键不相关的其他程序停止运行。结合本节开始讲的停止程序的办法，你知道怎么办了吗？

图3-22就是按下1键时的程序。

图3-22　让电风扇按你想要的速度旋转

这里强行停止了其他程序的无限循环，一定要注意的是，如果想要在程序中终止某一段无限循环的程序，你必须使用强制终止命令，在Scratch里是"停止…"。

3.5　摩托车——循环嵌套

在前面的章节里，我们使用了循环，但循环中的命令是一个或者一组命令，那么循环里是否可以再加入另一个循环呢？答案是肯定的，而且在计算机里有个特殊的称呼：循环嵌套。意思就是我们前面讲的循环的里面还有一个循环。

我们来看一个摩托车的运动场景。

背景：野外（blue sky）

角色：车架，两个车轮，站在车上的小姑娘Anna，一棵"很重要的"树

玩法要求：

Anna坐着摩托车出去春游。

随着摩托车在道路上行驶，树也不停地向后移动。

Anna心情十分愉快，高兴地举着双手（见图3-23）。

问题分析：在这个故事中，我们可以看到重点是摩托车的行驶。为了展示车的移动，我们可以有两种方法，第一种方法是让车移动起

图3-23　摩托车

来，车轮转起来，车上的人跟着车一起移动，但带来一系列的复杂问题，例如人如何随车移动，为了让车和人一直移动，到了舞台最右时，需要让角色都移回最左侧……这种方法太复杂了，我们可以考虑另一个办法：车本身是不动的，但是让代表背景的树动起来，那么从视觉上讲，你也会感到人和车在运动。这也是拍电影的常用方法。

好吧！我们已经确定了车不动，树动的方法，那么首先让树动起来。

树的动作分析如下：

1）从舞台右面向左面移动。

2）到达舞台的左面时移到舞台的右面。

3）反复执行上面两步。

我们一步一步来完成，首先解决树从舞台右面向左面移动，在这个任务中，同样需要细化，然后分步骤来解决。如同生活中一样，你去一个地方，首先要确定向哪个方向走，然后根据你的需要，开始快步走或慢步走，如果你走一步的距离是一样的，那么你走固定的步数就到了。在这里，树就像你，舞台左面就是你的目的地，在用程序实现时，同样也要先确定移动方向，然后开始移动。

在Scratch中，决定移动方向的命令还记得吗？在第2章的"代码画家"里，我们曾经用到过。对了，就是它——面向 90 方向，移动的命令相信你也不陌生：移动 10 步，当然只移动10步是不够的，就像上面我们说的，你要走很多步才可以到达目的地一样，需要反复执行这个移动命令，然后才能到达目的地，也就是要让循环执行这个命令，注意这里循环的

次数是有限的，你可以去试一试多少次比较合适。

完成后的程序如图3-24所示。

图3-24　树从舞台右面移到舞台左面

那么，我们如何让树移回到舞台右面呢？在程序命令区的"动作"标签里有一个命令，它可以直接实现这个任务：`移到 x: 204 y: -10`。

这个命令把舞台的各个位置用两个数来代表（x：，y：），如果你学过坐标系那么很容易理解，如果没有，也没关系，你同样可以使用这个命令，具体的方法是：在程序不运行的情况下，把角色先拖到你需要的位置，这时，程序命令区里的这个命令所代表的位置就是角色现在的位置，你只需要把这个命令拖到程序工作区就可以了，每次运行这个命令，角色就会移到这个位置。

现在把这个命令添加到图3-24的程序段的下面，然后再加上"当▶被点击"命令，再单击绿旗看看发生了什么：树可以动了！它从舞台右面移到舞台左面，然后又直接回到舞台右面。

等等，有一个问题：它为什么是倒着的？这是Scratch内部的一个设置，当你使用改变方向的命令（例如"面向…"，"向…旋转…"）时，角色会在舞台平面内进行旋转，你可以通过程序命令改变这种设置。这个程序命令如图3-25所示。

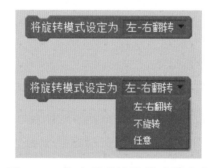

图3-25　改变角色旋转模式的命令

在不进行程序设置的情况下，Scratch会默认为"旋转模式"是"任意"，如果设定为"左-右翻转"，也就是直接将这个命令拖出来，那么我们就可以让树保持正常向上的状态了。

解决了这个问题，接下来如何让树不停移动呢？在3.3节，我们学习了无限次循环，想到了吧：只要把图3-24的程序"塞到"无限次循环里就可以实现树的任务了（见图3-26）。

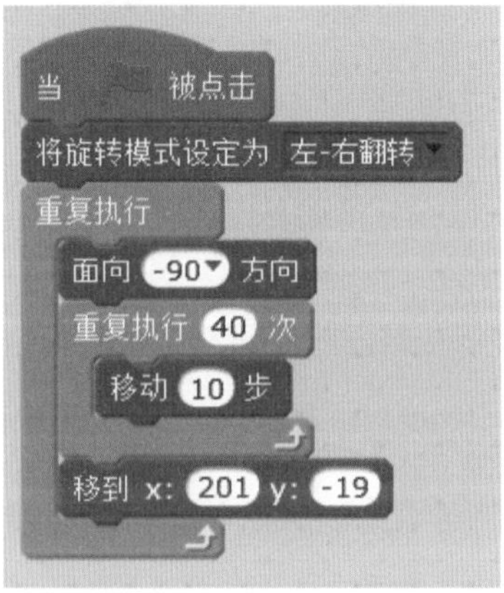

图3-26 树的程序

图3-26的程序中有一个特点：在循环里还有一个循环，这就是我们这一节要重点讲述的——循环嵌套。

你现在可以运行下你写完的程序，是否感觉不太真实？怎么样才能更真实呢？既然要有运动效果，那么车轮应该是一直在转的，这样搭配起来，效果就会展现出来！

车轮旋转的分析我们就不多说了，和3.4节的方法很类似。具体程序可以参见图3-21。

3.6 炫酷的图案——复杂内容的循环

利用循环和顺序，我们可以让计算机画出很炫酷的图案。例如图3-27所示的彩色光盘。

直接从这张图观察，我们看不出来哪个地方是循环的内容，但是我们可以想一下摩天轮，你坐着摩天轮转了一圈的时候，在空中是不是画了一个圆？但摩天轮不动的时候，你坐的摩天轮车厢只是一个车厢连了一根杆罢了。

图3-27　彩色光盘

如果我们先用命令画出这个"车厢"，然后再换个角度不停画会得到什么图形？一起试验下。

画一条线对大家来说很容易，那么换一个角度，例如90°。第2条线、第3条线、第4条线应该从哪里出发呢？

可以分两个情况试下：①从画第一条线的终点出发；②回到起点出发。注意是4条线，所以我们可以循环4次（见图3-28）。

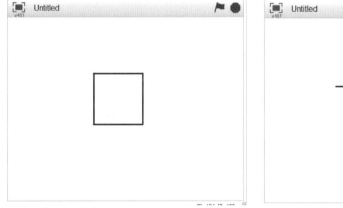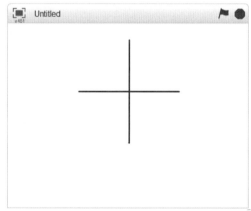

图3-28　不同的出发点画出的图形（左图：从上一条线结束的顶端出发；右图：每次从出发点开始）

怎么样？第二个图形和我们想画出的光盘是否有些接近？我们继续试验，增加循环的次数，例如36次，但是，这里面有一个数学问题——我们应该旋转多少度呢？一个圆是360°，那么重复36次，形成一个圆，那么一次应该旋转10°（360除以36）。于是，我们就得到了如图3-29所示的图形。

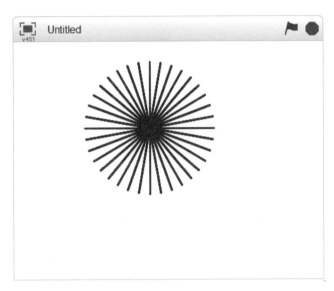

图3-29　循环36次的结果

越来越接近了，继续提高循环次数，减小角度，那么就越来越接近我们要的图形了。你可以一直试下去，看究竟循环多少次，转多少角度，我们可以画出一个实心圆。

画出实心圆后，空心圆怎么画呢？都是圆，那么循环的次数和旋转的角度应该是相同的，不同的地方在哪里呢？循环的内容！

对于实心圆，我们是一条竖线做循环，但空心圆，我们只要让竖线的一部分看不见就可以了，想到什么办法了吗？

对了，我们在画那条竖线的时候，注意让一段是抬笔的可以了。那么这条"缺一截的线"在Scratch中的顺序如下：

抬笔—移动（例如30）—落笔—移动（例如70）—抬笔—移动（–100）

需要注意的是，"移动（–100）"的目的是回到出发点。对应写成Scratch的程序，如图3-30所示。

图3-30 "缺一段的直线"程序

和图3-30的方法相同，用程序让这条直线转起来，我们就会得到一个空心的单色圆。

如何让颜色变化呢？画笔标签中有一个命令"将画笔颜色增加 10"，只需要把这个命令用起来就可以看到效果了，建议放在图3-30程序段的最后。

好吧！一起来看一下我们的程序和最后的效果（见图3-31）。

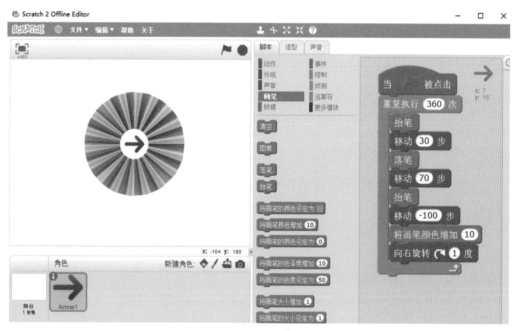

图3-31 "彩色光盘"的程序

看上去，这个和图3-27是不一样的，你可以试下修改哪个命令的哪个数可以让图形更接近。

注意　　　　中间那个红色箭头是角色！

 3.7　丛林救援——循环+顺序

在学习了循环的各种基本内容后，我们一起来看一个比较复杂的综合应用——丛林救援（见图3-32）。

图3-32　丛林救援

故事：一天，精灵（Gobo）在丛林里玩，蝙蝠（Batl）想和他开个玩笑，就带着一个苹果（Apple）飞到他的头顶并扔下了苹果。

苹果砸到了Gobo，Gobo被砸晕，蝙蝠不知所措，停在空中不停地扇动翅膀。

我们一起帮助Gobo（单击Gobo），Gobo站起，说"谢谢"，并从屏幕右方离开。

再单击蝙蝠，蝙蝠心里大感安慰，从屏幕左方飞离。

问题分析如下。

背景：只有一个——丛林（woods）

角色：有3个，蝙蝠（Bat1），苹果（Apple），精灵（Gobo）

各角色的动作：

蝙蝠（Bat1）：蝙蝠从屏幕的左方"飞"到精灵（Gobo）的头顶，停在空中，不停地扇动翅膀。当单击蝙蝠时，蝙蝠掉头飞回屏幕的左方。

苹果（Apple）：苹果跟着蝙蝠"飞"到精灵的头顶，掉下来，碰到精灵（Gobo），消失。

精灵（Gobo）：被苹果砸到后，倒地，发出怪声；被单击后，站起来，说"谢谢"，然后走向屏幕右边。

怎么样，在这个分析之后，问题是否清晰了许多？

从完成步骤来说，我们首先需要做好准备工作：添加背景和角色。在完成这些之后，可以一个角色一个角色地完成，完成一个测试一个。

首先，我们来完成蝙蝠。

蝙蝠的动作在问题分析里进行了描述，在实现时同样需要再细化。

● 从屏幕的左方"飞"到精灵（Gobo）的头顶。

分析这个动作，我们可以得到以下信息：

1）程序运行的起点：屏幕左方。

2）向右"飞"。

3）程序运行的终止点：精灵的头顶。

我们只需要把这些信息用程序结构实现就可以解决了（见图3-33）。

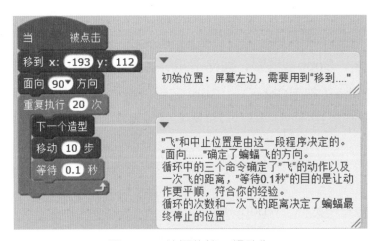

图3-33　蝙蝠的第一组动作

● 停在空中，不停地扇动翅膀。

这个动作，我们只需要完成一个任务：不停地扇动翅膀，相信看到这里，你已经很熟了。图3-34直接给出了程序。

图3-34 蝙蝠不停地扇动翅膀

● 当单击蝙蝠时，蝙蝠掉头飞回屏幕的左方。

对于这组动作，按照上面的方法，我们可以看到其中包含了以下信息：

1）当蝙蝠被单击。

2）掉头。

3）飞回。

去完成程序吧！图3-35直接给出了程序。

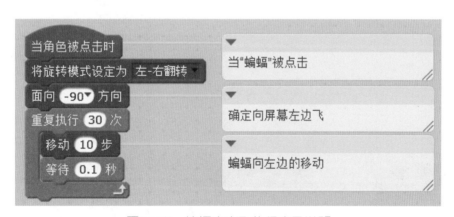

图3-35 蝙蝠向左飞的程序及说明

这样，我们就实现了蝙蝠的功能。

对于苹果的动作，可以和蝙蝠做同样的分析：

对于第1个和第2个动作，和蝙蝠十分相似，那么请参照蝙蝠的程序完成它吧！

苹果的第三个动作是向下移动，那么和向右移动有什么不同吗？分析如下。

1）方向：一个是向下，一个是向右。

2）移动的距离不同：一个是移动到精灵，一个是移动到精灵的上方。

想想我们对蝙蝠是如何设定方向的，距离又是通过什么来控制的？然后去编写苹果向下的程序吧！

最后让苹果消失的方法就很简单了，只要在程序的末尾加上"隐藏"就好了。

如果你写完了苹果的程序，单击一下绿旗，看结果如何，完美吧？！

我们再单击一下，但这次苹果为什么不显示了呢？这是因为Scratch在执行完第一次后，苹果被隐藏了，再次执行时，苹果延续了这个状态。所以在程序开始时，我们需要首先让苹果出现！

精灵的动作就不再详细分析了，相信大家可以圆满完成，程序如图3-36所示。同样，苹果的整体程序如图3-37所示，供参考，请独立完成。

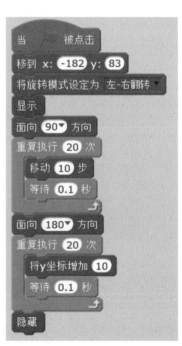

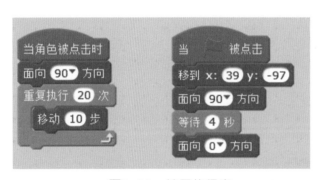

图3-36　精灵的程序　　　　　　　　图3-37　苹果的完整程序

3.8 小结

本章介绍了计算机语言的一个重要结构：循环。同时通过几个有趣的小应用由浅入深地介绍了循环的几个方面：指定次数的循环、无限次循环、中止无限次循环、循环嵌套以及循环和顺序的组合。需要注意的是，无限次循环和中止无限次循环是Scratch中比较特殊且经常会用到的，但在其他编程语言中会被禁止和报错，所以在使用时请务必谨慎。

第4章 条件

在第2章中我们介绍了顺序结构的程序设计方法，在第3章中学习了新的结构循环。至此，计算机语言的三大结构我们已经学习了两种，本章将介绍最后一个非常重要的结构：条件。首先我们会向大家介绍条件的概念，然后逐步展示条件的几种用法。

4.1 条件的基本概念

4.1.1 生活中的选择

在日常生活中，需要我们判断和选择的情况有很多。例如，我们都有很多好朋友，到了周末，你想去朋友家找他一起玩。这时候你需要首先给朋友打个电话，确认他这一天在家。如果他在家，你才能去找他玩耍。在这种情况下，你需要判断的是朋友是否在家。用条件的语言应该怎样来描述呢？我们可以这样说：如果朋友在家，我就去找他玩（需要判断朋友是否在家）。类似的情况还有很多：

- 如果遇到红灯，要停下来等待。（需要判断是否红灯。）
- 1.2米以下儿童在一些旅游景点免门票费用。（需要判断儿童身高是否超过1.2米。）
- 周末我们去郊游。（需要判断是否是周末。）

这些都是生活中一些常见的情况。我们首先要判断条件是否满足，如果条件满足了才能选择相应的结果。

结合上述例子可以看出，对于条件结构，有两点很重要：判断的条件以及满足条件后的结果。

4.1.2　Scratch中的条件

在Scratch中，与循环相似，条件也是用一些现成的积木块来实现的，这些积木块在Scratch积木区的"控制"分类里。

如图4-1所示，可以看到这里有两种条件命令的积木。

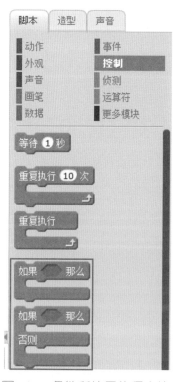

图4-1　条件所使用的积木块

第一种情况是基本的条件结构，在这里我们只需要判断是否满足某种条件，以及满足这个条件后执行什么命令就可以了。

第二种情况是相对比较复杂的条件结构，首先需要判断条件是否满足，随着判断结果的不同会有相应的命令。这里你只需要了解它们是不一样的就可以了，具体的用法我们之后会具体学习。

和之前所学习的积木块有所不同，在条件积木块里，我们可以看到一个六边形的缺口，想一下我们之前讲的条件的例子，是不是都可以写成"如果…那么…"的格式？

想一想，六边形缺口处应该放什么呢？

对了！判断的条件。那么，判断的条件在哪里呢？玩过积木的我们应该都知道，什么形状的缺口，就应该找什么形状的积木去填充。现在这里是一个六边形的缺口，因此我们需要找一个六边形的积木来填充它。

在"侦测"与"运算符"分类里面，我们会看到很多六边形的积木，如图4-2和图4-3所示。

图4-2　"侦测"中的条件

图4-3 "运算符"中的条件

现在，尝试着将其中的一个命令放入"如果…那么…"的积木块中，来看一下效果吧（见图4-4）。

图4-4 Scratch的条件

4.2 鼠标点舞机——简单的条件

在第3章中，我们学习了用重复执行来控制角色跳舞，其中，所有角色的跳舞都是通过单击角色控制的，而且一旦开始跳舞就不会停止，除非你按下红色的停止键。本书中，我

们将学习如何用鼠标控制角色跳舞，也就是说，当把鼠标指针放在角色上时，角色就开始跳舞，如果鼠标指针离开了这个角色，他就停止舞动（见图4-5）。

图4-5　舞蹈大会

看到这个熟悉的画面，还记得我们之前的玩法要求吗？

现在，我们将之前的玩法要求进行修改。

背景：游乐场（atom playground），聚会（party），音箱室（party room）

角色：Cassy Dance，Catherine Dance，D-Money Hip-hop

故事：三个小朋友都是舞蹈高手。每个人准备的舞蹈和舞台设计都不一样。他们都想第一个跳，争执不下。于是决定权交给了玩家。

玩法要求：

单击绿旗后音乐响起。

玩家将鼠标指针放在谁的身上谁就跳舞。

每个人跳舞的背景不同。

细心的同学可以翻到3.3节，对比一下两次的要求，你发现它们之间的区别了吗？

在第3章的舞蹈大会中，我们通过单击角色来控制角色开始跳舞，角色一旦开始跳舞，就只能通过红色的停止键才能让他停下来。在本章中，我们通过鼠标指针的位置控制角色跳舞，不再需要单击，同时，鼠标指针离开这个角色后，他就不再跳舞，不需要停止键控制。因此，我们今天的小故事叫作"鼠标点舞机"，不再是之前的"不停地舞蹈"。

那么，如何实现呢？

我们需要从背景库中选出三个背景，以及三个跳舞的角色。具体的操作方法可以翻看3.3.2节的内容。图4-6展示了"不停地舞蹈"中Cassy的程序。

图4-6 "不停地舞蹈"中Cassy的程序

因为那一节中通过单击角色来控制角色跳舞，所以程序运行的起点是"当角色被点击时"，角色的动作通过造型的切换来实现，如果觉得造型切换太快，可以加入"等待1秒"的命令让角色动作慢下来，当然，这里的等待时间可以修改。看到这里，你是否想起了我们之前做的这个小故事了呢？

在之前的程序里，命令的运行顺序是简单的自上而下。但本章学习的重点是条件，那么什么叫条件呢？联想我们刚刚介绍的例子，是不是发现所有条件的例子都可以写成"如果…那么…"的样子。

因此，条件就是只有在某些情况下才会发生的事情。也就是说，你首先要判断条件是否成立（"如果"里面的是条件），只有条件成立的时候，才能运行"那么"里面的命令。

回顾我们这个小故事的要求，思考一下，一个角色跳舞的条件是什么？

答案是：碰到鼠标指针。在脚本区的"侦测"里面，有很多六边形的命令，在4.1节中我们讲到，这些命令都可以作为判断的条件，在侦测里面的第一个命令就是我们要找的 碰到 鼠标指针 ▾ ？ 。

注意，这里有一个小细节，这个命令的最右边有一个黑色小三角，单击小三角后，可以看到一些其他选项，如图4-7所示。

图4-7　碰到鼠标指针及其他选项

从图4-7中可以看出，一个角色不光可以判断碰到鼠标指针，还可以判断是否碰到边缘和其他的角色。

现在，需要判断的条件我们已经找到了，将这个条件放入积木块中（见图4-8）。

图4-8　判断的条件

"如果…那么…"中的"如果"现在我们已经完成了，接下来思考一下，满足了这个条件之后的结果是什么呢？根据要求可以发现，碰到鼠标指针的结果应该是角色开始跳舞，同时切换相应的背景。跳舞的命令相信你已经熟练掌握了。我们将相应的命令放入"那么"里面，完成条件的程序（见图4-9）。

图4-9　条件

到这里，我们已经完成了条件部分的程序，现在你可以给它加一个程序的起点"当▶被点击"，然后将鼠标指针放在这个角色上，请注意会发生什么变化（见图4-10）。

图4-10 单次运行的条件

你可能会发现，当单击绿旗之后，把鼠标指针放到舞台的角色上面，角色并没有开始跳舞。

思考一下

这是为什么呢？是我们的条件写错了吗？

答案是否定的。我们的条件没有写错，只是这里还缺了一些什么。因为程序的运行是从上而下按顺序运行的，因此，当单击绿旗后，这段程序开始运行，跳舞的角色判断这时候有没有碰到鼠标指针，而我们的鼠标指针还没有来得及移到角色身上，这个条件判断就已经结束了，此时程序判断条件不成立，因此没有运行"那么"里面的命令。同时不会进行下一次的判断。但我们希望是这样的吗？我们希望的是当绿旗被单击之后，角色就开始不停地判断，只要条件判断成立，他就开始跳舞。也就是说，这个条件判断，从"当▶被点击"之后就开始**不停地执行**。

试一试

怎样实现不停地判断呢？

相信聪明的你在看到我强调的"不停地执行"之后已经想到问题出在哪里的，我们需要在条件命令的外面加一个"重复执行"命令，以确保我们不管什么时候把鼠标指针移到角色上，程序都可以马上判断出来（见图4-11）。

076

图4-11　循环运行的条件

　　至此，角色跳舞的程序已经完成了，单击绿旗，把鼠标指针移到角色身上，她会开始跳舞吗？之后把鼠标指针移开，她会停止跳舞吗？如果你的角色可以根据鼠标指针的位置灵活跳舞和切换背景，你就已经实现了条件判断的内容。

　　如果感觉角色造型切换太快，可以加入等待的命令。

等待的命令放在哪里呢？

　　最后，我们就得到了一个角色跳舞的完整程序（见图4-12）。

图4-12　舞蹈角色的程序

4.3 会飞的蝴蝶——复杂的条件

在图4-1中，我们曾介绍过两种不同的条件命令。第一种条件命令比较简单，通过"鼠标点舞机"的学习，相信你对它的用法已经有了一定的了解。这种条件命令的格式可以写成"如果…那么…"的格式，也就是说，只有条件判断成立才会运行"那么"中的命令，条件判断不成立就不会运行"那么"中的命令。第二种条件命令比较复杂，它可以写成"如果…那么…，否则…"，这就像一个有两个选项的选择题，"如果"里面的条件判断成立或不成立，都会有对应的命令。

● 条件判断成立，运行"那么"里面的命令。

● 条件判断不成立，运行"否则"里面的命令。

下面我们来看一个运用复杂条件的小故事：会飞的蝴蝶（见图4-13）。

故事：花园中有一只活泼好动的小蝴蝶，她随着鼠标指针的移动在花园中飞来飞去。

小蝴蝶偶尔会和大家开个玩笑，飞到绿色的草丛中躲起来让我们找不到她。

直到她从草丛中飞出来我们才能看到她。

图4-13 会飞的蝴蝶

问题分析：

背景：花园（blue sky）

角色：小蝴蝶（Butterfly 1）

玩法要求：

单击绿旗之后，蝴蝶跟着鼠标指针的移动在舞台上移动，同时有扇动翅膀的动作。如果碰到绿色的草丛，就隐藏（看不见），在绿色草丛之外就显示（可以看到）。

我们将角色的动作分步骤完成，可以分为以下几部分：

1）不停地随着鼠标指针移动。

2）蝴蝶在飞。

3）碰到绿色的草丛隐藏，在草丛外则显示。

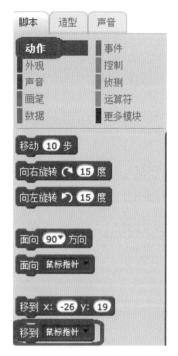

将角色的动作分为几部分之后，有没有觉得自己的思路清晰很多呢？现在我们来一部分一部分地实现角色的动作。

从背景库中选出花园的背景，从角色库中选出蝴蝶角色，添加背景和添加角色的具体操作相信大家已经很熟悉了。

首先，让角色跟着鼠标指针移动。

在脚本的"动作"区域内，有一个命令叫"移到鼠标指针"（见图4-14）。

图4-14　"移到鼠标指针"命令

这个命令是什么意思？

你可以先尝试一下，把这个命令放在"当 ▙ 被点击"命令的下面，然后移动鼠标指针。

你会发现蝴蝶跑到了绿旗的位置，之后就不再跟着鼠标指针移动了。这是因为"移到鼠标指针"这个命令只能让角色移动一次，在你单击绿旗的时候，它执行了这个命令，然后移到鼠标指针的位置，即绿旗那里。之后这个命令已经运行完毕，不再执行，所以蝴蝶不会跟着鼠标指针继续移动。如果需要蝴蝶一直跟着鼠标指针移动，我们需要把它放在"重复执行"的里面，让这个命令一直执行下去，如图4-15，现在你的蝴蝶可以跟着鼠标指针移动了吗？

如果你的蝴蝶已经能够跟着鼠标指针的移动而移动，那我们的第一部分就实现了。

接下来思考一下如何让蝴蝶一直飞。

图4-15　将"移到鼠标指针"命令移到"重复执行"命令中

如图4-16所示，单击角色的造型区，可以看到蝴蝶有两个造型，当蝴蝶的两个造型不断切换的时候，可以看到舞台上的蝴蝶好像飞了起来。切换造型的具体内容可以回顾3.3节中的内容。

图4-16　蝴蝶的造型

加入切换造型的命令后，单击绿旗后，可以看到花园中的蝴蝶会随着鼠标指针的移动飞来飞去。这时候，角色的第二部分动作我们也实现了（见图4-17）。

最后，如何实现碰到草丛就看不到，离开草丛又出现呢？

在脚本的"外观"区域内有一个命令叫"显示"，还有一个命令叫"隐藏"（见图4-18）。

图4-17　蝴蝶飞来飞去

图4-18　显示和隐藏命令

现在，单击"隐藏"这个命令，你会看到什么呢？

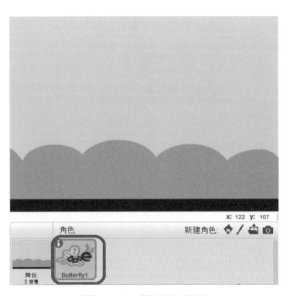

图4-19　隐藏的蝴蝶

可以发现，舞台上的蝴蝶不见了（见图4-19），注意，这并不是我们把舞台上的蝴蝶删除了，因为角色区仍然有蝴蝶这个角色，只是这个角色在舞台上看不到了。她好像穿上了隐身衣，在舞台上隐身了。

如果这时单击"显示"这个命令，可以看到刚刚不见的蝴蝶又出现在舞台上。因此，"显示"和"隐藏"这两个命令可以控制角色的出现和消失。

回到我们的玩法要求，蝴蝶在碰到草丛后会隐藏，在离开草丛会显示。在4.2节中，我们讲过一个命令 碰到 鼠标指针 ？ ，还记得单击旁边的黑色小三角可以看到别的一些选项。但是，这里面的选项只有鼠标指针、边缘和其他角色。现在草丛是我们舞台背景里面的图案，而不是一个单独的角色。因此，我们无法在这个命令里面找到"草丛"这个选项。那么怎么办？

细心的你可以发现，"侦测"中有一个"碰到颜色"命令（见图4-20），这会不会满足我们的要求呢？

图4-20 "碰到颜色"命令

 在"侦测"里面，"碰到颜色"命令是六边形，可以作为判断的条件使用。

那么如何改变命令中的颜色？单击命令中的颜色区域，以采集颜色（见图4-21）。

图4-21 颜色采集

这时候可以看到鼠标指针变成了一个小手的样子，表示可以采集颜色。将鼠标指针移

到舞台的草丛区域，单击草丛，可以看到命令中的颜色发生改变，变成了草丛的绿色（见图4-22）。

图4-22　颜色改变

需要判断的条件已经准备好了，那么条件判断的结果是什么？根据玩法要求可以分析出如下两种判断结果。

- 碰到绿色条件成立——蝴蝶隐藏。
- 碰到绿色条件不成立——蝴蝶显示。

可以看到，根据条件判断结果的不同，会产生两个不同的效果，因此，简单的条件结构（"如果…那么…"）已经不能满足我们的要求，我们在这里需要应用复杂的条件结构（"如果…那么…，否则…"）。我们一起思考一下，"那么"里面放的是什么命令，"否则"里面放的又是什么？

答案如图4-23所示。在这里，"那么"表示 碰到颜色 ？ 这个条件成立的结果，"否则"表示 碰到颜色 ？ 这个条件不成立的结果。聪明的你，做对了吗？

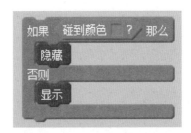

图4-23　碰到颜色的条件判断

最后，因为蝴蝶在飞行的过程中不确定什么时候会飞到草丛中，所以颜色的判断应该是重复多次进行的。我们将条件判断的命令放入"重复执行"命令中，蝴蝶的程序就完成了（见图4-24）。

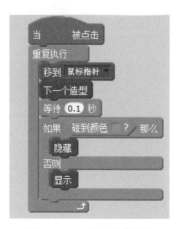

图4-24　会飞的蝴蝶

4.4　小心毒苹果——条件的嵌套+顺序+循环

在前面的章节里，我们使用了条件的两种结构，但无论是条件的哪种结构，放在里面的命令都是一个或者一组命令，那么条件里是否可以再加入另一个条件？答案是肯定的。在4.3节中我们学习了嵌套循环，和嵌套循环相类似，条件里面还有一个条件的这种结构，我们把它叫作条件的嵌套。

结合之前学过的顺序和循环的概念，我们来看一个复杂的故事：小心毒苹果（见图4-25）。

图4-25　小心毒苹果

故事：从前，有一个美丽的白雪公主，公主很喜欢吃苹果。狠心的巫婆发现了公主的这个爱好，为了加害白雪公主，她打算将公主吃的苹果换成毒苹果。

但是，她很担心公主一直吃到毒苹果会有所怀疑，所以她只把苹果中的一部分换成毒苹果。每天给公主送不一样的苹果。

善良的公主在收到苹果的时候会说"谢谢"，如果公主收到的是好苹果，会说"sweet"，如果公主收到的是毒苹果，会说"ah"。

问题分析：

背景：花园（blue sky）

角色：公主（Princess），苹果（Apple）

玩法要求：

苹果（Apple）：苹果从屏幕右边向左移动到公主身旁，等公主吃完后消失，此时，新的苹果再次从屏幕右边出现并移到公主旁边，但是新的苹果的好坏已经发生了变化（如果原来是好苹果现在就变成了毒苹果，如果原来是毒苹果现在就变成了好苹果）。

公主（Princess）：拿到苹果时说"谢谢"，咬了一口苹果，如果是好苹果，会说"sweet"，如果是毒苹果，会说"ah"。

按照我们之前讲过的完成步骤，首先需要做好准备工作：添加背景和角色。在完成这些之后，可以一个角色一个角色地来完成程序，完成一个测试一个。

4.4.1 苹果的程序

苹果因为有好坏之分，所以我们需要苹果有两个造型，分别代表好苹果和毒苹果。从角色库中添加了苹果这个角色后，查看造型区，我们发现它只有一个造型。那么，如何给角色添加造型呢？

在造型区右击苹果造型。在弹出的菜单中可以看到三个选项，单击第一个选项——复制（见图4-26）。

图4-26　苹果造型

　　这时候造型区出现两个一模一样的苹果（见图4-27），代表此时的苹果有了两个一模一样的造型，我们需要做的就是将两个一模一样的造型区分开，一个表示好苹果，另一个表示毒苹果（见图4-28）。

图4-27　复制苹果造型

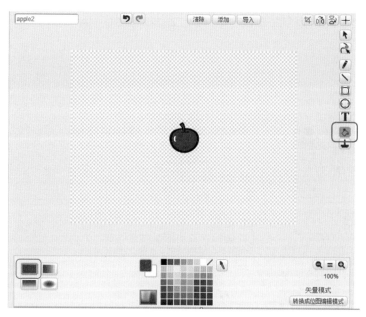

图4-28 造型颜色改变

在造型区的右边可以看到一个油漆桶的图标，如图4-28所示，单击油漆桶，选择颜色（不是红色），单击苹果进行颜色填充。造型区的两个苹果颜色不一样，可以分别表示好苹果和毒苹果。

完成角色的造型准备之后，我们来看苹果的动作是什么。

在第2章和第3章画笔的学习中，我们学习了如何让一个角色向某个方向移动，使用 面向 90▼ 方向 移动 10 步 可以完成角色的移动。在3.7节的"丛林救援"故事中我们还学过了一个命令 移到 x: 107 y: -70 ，这个命令可以让角色移动到屏幕的右边。关于调整x、y数字的方法可以回顾第3章的内容。

对于苹果的动作，我们可以将它分析成如下两条。

● 苹果从屏幕的右边向左移动，碰到公主后隐藏。

分析这个动作，我们可以得到以下信息：

1）起始点：屏幕右方。

2）向左移动。

3）不确定终止位置，在移动过程中判断，碰到公主就停止移动并等公主吃完苹果后隐藏。

我们只需要把这些信息对应到程序结构并实现就可以解决问题。具体程序及说明见图 4-29。

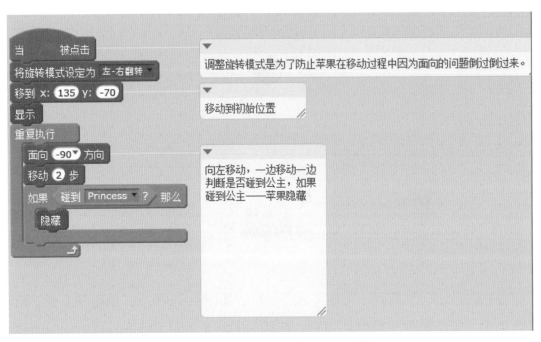

图4-29　苹果向左移动程序及说明

● 隐藏后，苹果又回到屏幕右边显示，并继续向左移动。注意，此时苹果的好坏发生了变化。

对于这组动作，按照上面的方法，我们可以看到其中包含了以下信息：

1）回到屏幕右边。

2）显示。

3）苹果的好坏发生了变化。

4）向左移动。

在这里，我们要特别注意的是，现在分析的这些动作，都是在苹果碰到公主并被吃掉（隐藏）之后发生的变化。也就是说，这些动作的命令都应该添加在条件判断中（见图4-30）。

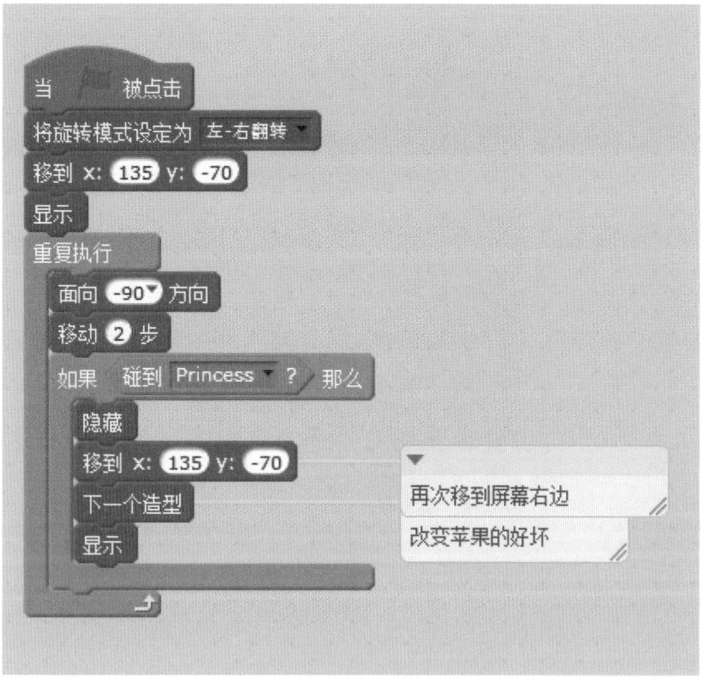

第4章 条件

图4-30　苹果再次出现的程序及说明

这样，我们就实现了苹果的程序。

4.4.2　公主的程序

接下来，我们完成公主的程序。

对于公主的动作，我们和苹果做同样的分析：

1）判断是否碰到苹果，如果碰到，那么说"谢谢"。

2）碰到苹果后，再判断苹果的好坏，好苹果说"sweet"，毒苹果说"ah"。

我们首先判断当碰到苹果之后，才会判断碰到的是好苹果还是毒苹果，因此，对好坏苹果判断的前提是，公主已经碰到了苹果。

我们通过苹果的颜色来判断苹果的好坏，如果公主碰到的是红色的苹果，可以认为是好苹果，如果碰到的不是红色的苹果，可以认为是毒苹果（见图4-31）。

089

图4-31 公主的程序

思考一下

为什么会在重复执行的命令中加入 等待①秒 这个命令？

因为苹果在被公主吃掉后需要隐藏，但是碰到苹果的条件判断是不断执行的，要防止苹果在没有隐藏之前公主重复进行判断。我们在重复执行的里面加入等待的命令，可以将两次条件判断的间隔分开。

试一试

现在你的故事实现了吗？如果没有，为什么？

完成了公主的程序后，单击绿旗。我们发现，苹果一次又一次地出现—向左移动—碰到公主—消失—从右边出现，这样一次次循环。但是公主并没有任何动作。

有两个问题：

● 苹果在碰到公主的一瞬间隐藏了，这时候公主还没来得及判断是否碰到苹果。

● 苹果在碰到公主的一瞬间停止了运动，这时候只有苹果的黑色边缘碰到公主，苹果本身的颜色还没有碰到公主。

第一个问题的结果是，公主没有说"谢谢"，第二个问题的结果是公主说了"谢谢"，但是无论好坏苹果都只说"ah"。

为了解决这两个问题，我们在苹果的程序中加入 移动20步 和 等待2秒 的命令。 移动20步 的命令是为了让苹果在碰到公主后，再向前移动一段距离，方便公主去判断苹果的颜色。 等待2秒 的命令是为了在公主完成两次判断的过程中（第一次判断是否碰到苹果，第二次判断碰到的苹果的颜色），苹果还没有消失。苹果的完整程序如图4-32所示。

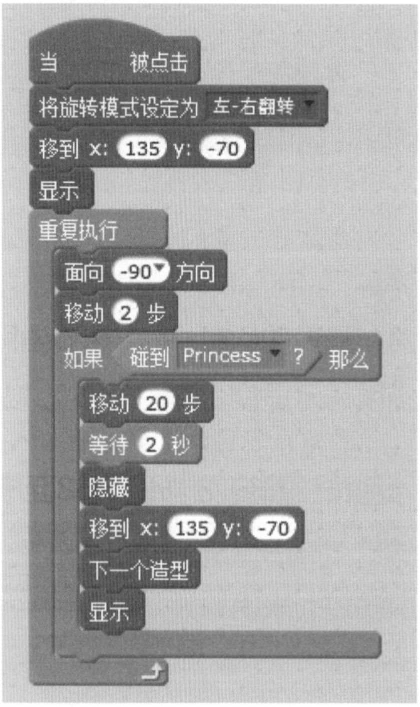

现在，公主和苹果的程序我们都完成了。快去试一试你的"小心毒苹果"成不成功吧！

图4-32　苹果的完整程序

4.5　小结

在顺序结构中，程序的语句是按照自上而下的顺序依次执行的，执行完上一个命令就自动执行下一个命令，是无条件的，不需要做任何判断。这是最简单的程序结构。实际上，在很多情况下，需要根据某个条件是否满足来决定执行相应的命令，或者从给定的两种或多种命令中选择一个执行。这就是我们所说的两种条件结构。需要注意的是：条件的判断在计算机运行中有时间上的问题，需要考虑角色之间的判断配合。

第5章 事件

通过前三章的学习，我们已经了解了程序的三大基本结构：顺序、循环和条件。从这一章开始，我们将学习如何运用基本的结构来实现想要的功能。

本章将主要介绍：事件。首先会向大家介绍事件的概念，然后向大家逐步展示事件的几种用法。

本章内容包括：事件的基本概念、Scratch中事件的相关命令、事件的使用，以及与顺序、循环和条件的组合使用。

5.1 事件的基本概念

5.1.1 生活中的事件

"事件"（event）是在某些情况下发出特定信号的警告。

你玩过遥控汽车吗？当按下遥控器上的开关键时，小汽车会发出"叮"的一声，这时候你就可以开始用遥控器控制它，这就是一种事件。你通过按下遥控器上的开关键，给小汽车发去了一个信号，告诉它该启动了。在这里，按下开关键就是某种特定的情况。

此外，你用鼠标双击"Scratch"图标，打开这个软件，这也是一种事件。你通过双击软件给软件发去了一个信号，告诉软件该打开了。在这里，双击软件图标就是某种特定的情况。

小汽车被启动，用鼠标双击"Scratch"图标，这两件事虽然一个是用遥控器控制的，一个是用鼠标控制的，但它们都会引发一系列后续的动作：对于小汽车，它会开始被遥控器控制移动；对于"Scratch"图标，软件在双击后打开。也就是说，事件的发生会导致一系列的结果，而这结果又根据事件的不同而不一样。

生活中有什么类似的事件呢?

大家上网的时候,进入百度的首页,如图5-1,输入完要搜索的东西后,需要单击"百度一下"这个按钮,才能继续浏览想要的东西。在这里,单击"百度一下"这个按钮就是一个事件。

图5-1 百度搜索首页

大家上课的时候,是不是最期待下课了?那么大家都是怎么知道可以下课了的呢?一种是老师说下课,一种是下课铃声响了。然后大家就知道可以下课了。在整个过程中,老师和下课铃告诉了全体学生"下课"这个消息,有的学生接收这个消息后立刻走出教室,或去打篮球或跳绳等。有的学生虽然听到了这个消息,但是并没有做出任何反应。还有的学生知道下课了,会告诉同桌。

这个过程可以简化为如图5-2所示的过程。老师、下课铃和某个同学都是消息的发送者。所有的人或物包括老师和下课铃都可以接收所有的消息,但是接收消息之后的反应有所不同。

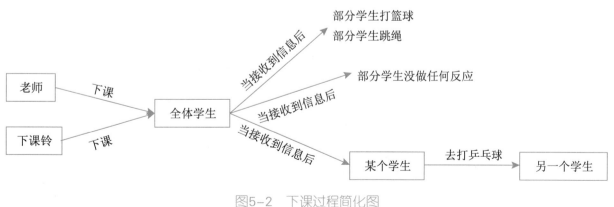

图5-2 下课过程简化图

5.1.2 Scratch中的事件

在Scratch中，所有事件所用到的积木块在"脚本"标签下的"事件"积木区中（见图5-3）。就是我们曾经讲过的一段程序的起点。

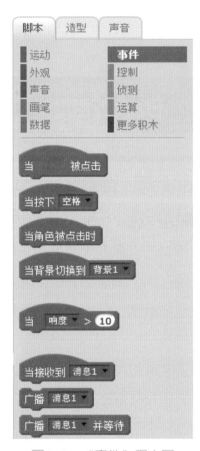

图5-3 "事件"积木区

在Scratch中，事件可以分为两种：

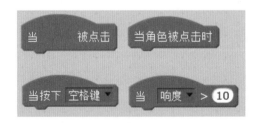

图5-4 外部事件的响应积木块

"当▶被点击"：相信大家在前面已经用过，是指单击舞台上方的绿旗。

"当按下空格键"：指的是键盘的动作，我们在第3章里使用过这个命令。

"当角色被点击时"：这个命令在第3章中同样也使用过。

"当响度>10"：可以根据事件、外部的声音大小和视频作为程序运行的起点。

● 外部响应机制，事件由键盘、鼠标、声音等控制，如图5-4所示。

● 内部消息机制，在程序的内部进行角色之间的动作配合。

除了之前提到的可以用键盘控制、角色单击、声音响度等方法来作为程序运行的起点以外，还可以使用"广播消息"的方式来实现角色之间的配合，如图5-5和图5-6所示。

图5-5　发送消息使用的积木块

图5-6　接收消息使用的积木块

那么，什么是广播呢？

大家在学校时是不是经常听到广播？教室内的广播只有在老师要通知事情的时候才会响起。例如，老师在广播里说："三年级一班的小明同学，请到办公室找老师。"那么这个广播的作用是什么呢？是为了让小明同学去办公室，所以广播的作用是在老师和学生之间互相传递消息的。

需要注意的是，尽管老师只是叫了小明同学，但是，只有小明同学收听到这个广播吗？明显不是的，学校的所有同学都听到了这个广播，包括操场的草坪，教室的墙面，全都听到了这个广播。可是，这个消息只和小明有关系，所以只有小明对这个消息做出了反应，别的同学尽管听到了，但不会对这个消息有什么动作反应。这是我们生活中的广播。

在Scratch中，当需要角色之间互相配合的时候，它们之间也需要"对话"，对话的方式就是通过广播发送消息实现的。那么怎么创建一个消息呢？所有角色都可以使用"广播"积木块和"广播…并等待"积木块发送消息，该消息会发送给所有的背景和所有角色，也包括广播消息的角色自己。广播的消息需要带有实际意义的名称。

单击图5-7中"消息1"后面的黑色小三角后出现新消息。单击"新消息"命令，会看到如图5-8所示的界面，输入消息名称并按确定后，就可以发送消息了。

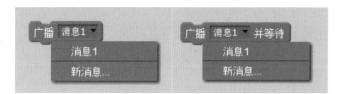

图5-7　创建新消息

图5-8　输入消息名称

像我们之前讲到的，学校里的所有同学都收听到广播，但是只有小明有动作，因为小明知道那个广播是找他的，而不是找别人，所以别的同学都没有反应。对于Scratch中的角色来说，所有的角色都能接收到消息，但是一个角色怎么知道这个消息和自己有没有关系呢？这就需要用到图5-6中的命令积木。同样，我们会发现积木块上面有一个黑色小三角。单击它，选择自己需要的消息名称。当接收到的消息名称和广播的消息名称相同时，代表了这个角色接收到这个消息，并且对这个消息要做出反应。

细心的同学会发现，我们在上面提到了两种广播消息的方法，分别是"广播"和"广播…并等待"，思考一下，这两个命令有什么不同呢？

回答是：对于"广播"来说，这个角色只关心这个消息发出去没有，一旦发出去了，就会执行下一个命令。而对于"广播…并等待"来说，角色在发出这个消息后，程序会停在这一行不再往下运行，直到接受消息的角色完成接受消息后的动作，这个发消息的角色才会继续执行。

⑤.2　足球教练——一个角色发送单个消息

认识了广播消息需要用到的积木块之后，让我们来看看在"足球教练"这个程序中是如何使用的吧（见图5-9）。这个程序讲述了一个场景，运动员们中场休息时在自由活动，教练开始准备布置战术，于是发出命令将队员召集起来。

第5章 事件

图5-9　背景及角色

背景：足球场（goal）

角色：教练Referee，3个足球运动员：Football，Football2，Football3

故事及玩法要求：

单击绿旗，足球运动员自由活动。

单击教练，教练说"立定"，然后发出消息"立定"。

三个足球运动员听到消息后，站着不动，并且同时说"yes"。

首先，在开始编写程序之前，还记得我们要先做什么吗？对的，先添加背景和角色。完成这一步之后，我们一起分析一下每个角色的动作。

单击教练后，教练说"立定"，足球运动员就会站立不动。问题来了，教练什么时候被单击，足球运动员怎么知道呢？在这里，就要用到我们学习的消息的内容。

当单击教练时，教练除了说"立定"以外，还要给足球运动员发送一个消息，告诉足球运动员们，我要说立定了，你赶紧站在原地别动。足球运动员收到这个消息后，就要停在原地等待教练训话。

接下来分别针对角色动作进行分析。

097

5.2.1 教练员（Referee）

当单击教练时，教练说"立定"，发送"立定"消息，教练的程序如图5-10所示。

图5-10 教练的程序

我们将消息的名称命名为"立定"，方便大家看出这个消息是用来做什么的。让自己的消息名称有含义，这个好习惯要养成哦。

5.2.2 足球运动员（Football）

足球运动员的动作分析如下。

1）当单击绿旗时，足球运动员全场乱跑。

2）当接收到教练发来的"立定"消息后，足球运动员站定，然后说"yes"。

如何实现足球运动员漫长乱跑呢？还记得我们之前讲过的"移到鼠标指针"这个命令吗？如图5-11所示，单击旁边的黑色小三角，可以看到一个"移到随机位置"的命令。由于版本不一样，有些同学的界面可能显示的是"random position"。

随机位置代表每次移到的位置是不确定的，可能是舞台上的任意一个位置。思考一下：如果我们希望足球运动员不停地满场乱跑，这个需要是运行一次呢？还是需要运行多次吗？

当接收到教练发来的"立定"消息后，足球运动员站定，然后说"yes"。这里我们需要用到之前提到的接受消息的命令，足球运动员的程序如图5-12所示。

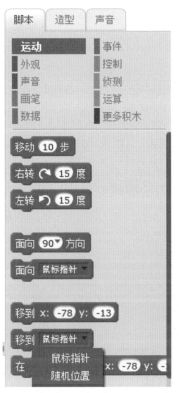

图5-11 "运动"中的"移到随机位置"命令

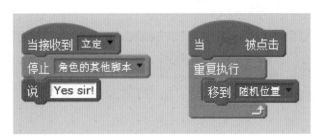

图5-12 足球运动员的程序

思考一下

怎么让足球运动员不再随机移动呢?

好的,至此足球运动员的程序就完成了。单击绿旗,你的运动员会"听"教练的话吗?

5.3 老板来一碗——一个角色发送多个消息

在"足球教练"程序中，我们学习了只发送和接收一个消息的情况。接下来我们看看如何发送和接收多个消息，来实现角色间的配合。这次是一个关于点餐的故事。回想下爸爸妈妈带你去餐馆吃饭的过程：进入餐馆—点餐—上菜—吃—付款—离开（见图5-13）。

图5-13 背景及角色

背景：night city，room3

角色：Maya，Bear2，Fruit Salad，GlassWater

故事：Maya下班时天黑了，她来到熊老板的店里面，点了一盘沙拉和一杯饮料，吃完之后付钱回家。

玩法要求：

● **开场**

Maya站在大街上，按H键，进入熊老板Bear2的店，说"hello"。

● 进店：场景切换

熊老板Bear2跟Maya打招呼，说"hello"，Maya坐下。

● Maya点餐

按1键，点沙拉，沙拉出现。

按2键，点饮料，饮料出现。

● Maya用餐

按F键，沙拉吃光。

按G键，饮料喝光。

按C键，收拾吃光后的沙拉碗和饮料杯。

● Maya离开

按E键，Maya离开，熊老板Bear2送别。

首先，准备角色和背景，要注意一个问题，沙拉和饮料都有被吃光和喝光的时候，那沙拉和饮料各有几个造型呢？准备好之后，我们来看一下，每个角色的动作是什么。

Maya的动作分析如下。

1）开场的初始化状态，当单击绿旗后，站在背景为night city的大街上。

2）按H键，进入熊老板Bear2的店，说"hello"，坐下。

3）按1键，说"来一份沙拉"。

4）按2键，说"来一份饮料"。

5）按F键，说"我开始吃沙拉了"。

6）按G键，说"我开始喝饮料了"。

7）按C键，说"我吃完了，也喝完了"。

8）按E键，Maya离开，跟熊老板告别，说"ByeBye"，再次回到背景为night city的大街上。

Maya角色的完整程序如图5-14所示。

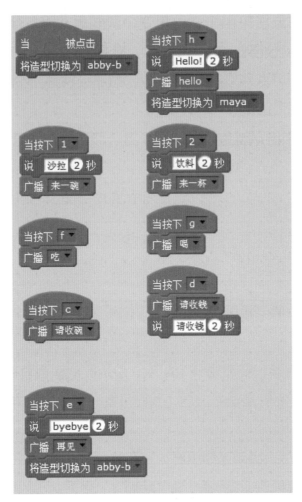

图5-14　Maya角色的完整程序

背景的动作分析如下。

1）开场的初始化状态，当单击绿旗后，背景为night city。

2）当接收到来自Maya进入熊老板Bear2的店的消息后，背景切换为room3。

3）当接收到来自Maya离开熊老板Bear2的店的消息后，背景切换为night city。

背景的完整程序如图5-15所示。

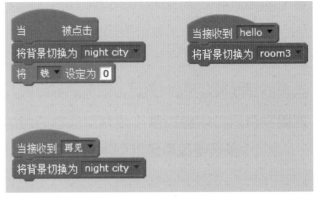

图5-15　背景的完整程序

Bear2的动作分析如下。

1）当接收到来自Maya进入熊老板Bear2的店的消息后，说"hello"。

2）当接收到来自Maya离开熊老板Bear2的店的消息后，说"欢迎下次光临"。

Bear2的完整程序如图5-16所示。

图5-16　Bear2的完整程序

Fruit Salad的动作分析如下。

1）当接收到来自Maya点沙拉的消息后，出现。

2）当接收到来自Maya进行吃沙拉的消息后，空碗。

3）当接收到来自Maya吃完喝完的消息后，消失。

Fruit Salad的完整程序如图5-17所示。

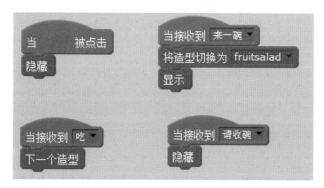

图5-17　Fruit Salad的完整程序

GlassWater的动作分析如下。

1）当接收到来自Maya点饮料的消息后，出现。

2）当接收到来自Maya进行喝饮料的消息后，空杯。

3）当接收到来自Maya吃完喝完的消息后，消失。

GlassWater的完整程序如图5-18所示。

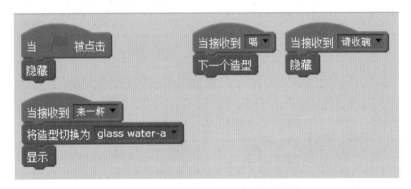

图5-18 GlassWater的完整程序

运行一下你的程序，看看是不是成功了呢？想一想，如何修改，可以使我们的程序运行起更完美一点。试试看。

5.4 小结

本章主要介绍了事件的基本概念，从生活中的事件引申到Scratch中的事件：按键和广播消息。通过"足球教练"分析了一个角色发送单个消息，"老板来一碗"分析了一个角色发送多个消息。消息主要用于角色之间的配合，在使用消息时要注意消息的名称。

第6章　变量

你思考过为什么电脑叫作计算机吗？告诉你吧，计算机本质上就是进行计算的机器，但是计算机能计算的可不仅仅是你数学题里面的口算题那么简单哦。我们在计算的时候需要把口算题抄写在纸上，计算机也同样，需要把数据存储在计算机里面才能进行计算，我们把存储数据的东西叫作变量。

本章首先会向大家介绍变量的基本概念，然后是如何在Scratch中定义及改变变量的值，最后向大家逐步展示在Scratch中是如何使用变量实现不同功能的。

6.1　变量的基本概念

6.1.1　生活中的变量

你在学校里面有打过篮球赛或者踢过足球赛吗？比赛的时候我们会准备一个记分牌，哪一方的队伍进了一颗球，就会给那个队伍加一分。记分牌上的数字分别代表了两个队伍的目前得分。

我们在描述每个队多少分的时候会说："甲方队伍现在是10分""乙方队伍又进了一分"。我们所说的甲乙方队伍得分，就是前面提到的变量，它们分别记录了两个队目前的进球得分，而且在一定条件下可以进行改变。

6.1.2　Scratch中的变量

在Scratch中，变量有两种：一种是它本来就自己有的，我们称为内置变量；另一种是我们可以自己新建的变量。

1. 内置变量

内置变量，是Scratch自己本身已经设置好的变量，我们直接拿来使用即可。如"运动"积木区最下边的"X坐标""Y坐标"等，"外观"积木区最下边的"造型编号"等，"侦测"积木区的"回答""响度"等。

2. 新建变量

● 变量命名

在Scratch中，新建变量所使用的积木块在"数据"积木区中。

单击图6-1中的"新建一个变量"后会出现一个"新建变量"的对话框。我们在前面也讲过，每一个变量需要一个名字，所以在下面的对话框的变量名后输入变量名。

图6-1　创建变量的积木块

给变量起名字的时候，虽然Scratch对变量的名字没有要求，数字、字符、字母、汉字等都可以，但是请一定使用有意义的名字，这样等你再看到它的时候，根据名字就可以知道这个变量是用来干什么的。

在使用字母命名时，需要注意的是，如果拼写相同，但大小写不同，那么在Scratch中是两个变量！即变量名Score、SCORE、score、scORe是不同的变量。

● 变量的作用范围

在图6-2的变量名的下边有两个单选按钮："适用于所有角色"和"仅适用于当前角色"。"适用于所有角色"表示所有角色，包括背景都可以使用这个变量。"仅适用于当前角色"代表了只有当前这个角色可以使用该变量。

图6-2 "新建变量"对话框

如果新建一个适用于所有角色的变量"得分"和一个只能让熊Bear1访问的变量"身高",就可以看到当选中角色1小猫时,变量"身高"在积木工具箱中并没有显示,如图6-3所示。

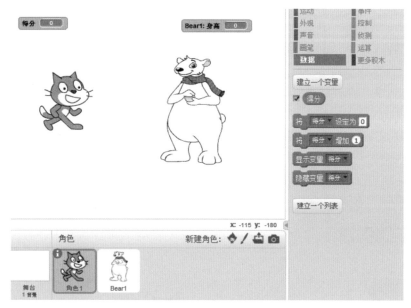

图6-3 适用于所有角色的变量

而当选中Bear1角色时,变量"得分"和变量"身高"都在积木工具箱中显示了,如图6-4所示。同时舞台上的变量"身高"显示时,前面还有了角色名:Bear1。表示是给Bear1使用的变量。

● 变量的显示

当创建完变量之后,例如图6-3中的"得分",你会发现,在它的前边有一个小方框。当勾选上之后,它就在舞台上面出现了,如图6-5所示。

图6-4　适用于当前角色的变量

图6-5　显示变量"得分"

　　右键单击舞台上的变量，会弹出一个菜单，如图6-6所示，选择相应的命令可以在正常显示、大屏幕显示、滑杆三种状态之间切换。

图6-6 变量显示的三种状态

当处于"滑杆"状态时,右键单击,又会弹出一个下拉菜单,可以设置最大值和最小值。单击其中的"设置滑竿最小值和最大值"项,可以设定滑动时取值的范围(见图6-7)。

图6-7 利用滑竿设定变量的取值范围

● 变量值的修改方式及类型

在Scratch中,修改变量值的方法有两种(见图6-8)。

● 将( )设定为( )。

● 将( )增加( )。

图6-8 变量设定的两种方法

思考一下

这两个命令的区别是什么呢?

提示

可以联想我们之前讲过的设定角色大小的两种方法。

● 变量的删除和变量名修改

以图6-3中的"得分"变量为例，如何进行删除呢？可以右键单击它，在弹出的菜单中选择"删除"选项即可（见图6-9）。

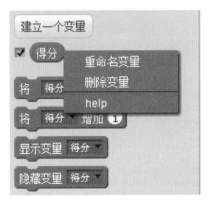

图6-9 删除及重命名变量

针对重命名，同样从弹出的菜单里面选择"重命名变量"选项即可。

6.2 霸王色霸气——内置变量

大家都看过《海贼王》吗？其中主角路飞拥有很多能力，其中霸王色霸气是一种王者资质，拥有霸王色霸气的人可以直接用此霸气进行攻击。这一次路飞遇到了两只蝙蝠的攻击，玩家大喊一声，让路飞发出霸气消灭飞来的蝙蝠。

在Scratch中，其实有很多内置变量，所谓"霸王色霸气"，可以使用"响度"这个内置变量。我们来看一看具体是怎么使用的（见图6-10）。

背景：路飞走在黑夜的路上，注意这里路飞也是背景。

角色：Bat1，Bat2，霸气，Game Over

玩法要求：

蝙蝠突然出现，从两个方向飞向路飞。

玩家大喊一声发出声音。

"霸气"产生，逐渐扩大，消灭扑过来的蝙蝠。

如果蝙蝠遇到路飞，玩家失败，同时响起悲伤的音乐。

图6-10　背景及角色

首先，需要准备好角色和背景，其中霸王色霸气和Game Over都是通过绘制角色来完成的。这里的背景在Scratch中没有，需要先从网上找到这张图，保存到自己计算机中，通过新建背景里面的"从本地文件中上传"的方式得到。该背景可以从welovecode.cn下载。在准备霸气的时候思考一下，霸气的造型中心应该在哪里呢？为什么呢？

现在前期准备工作做完了，接下来一起分析一下角色的动作吧。

1. Bat1、Bat2

● 蝙蝠分别从舞台的左上角、右上角出发

蝙蝠的动作比较简单，初始的位置设定从左上角或右上角飞出，面向路飞飞去。这里有一个小难点，即路飞是背景的一部分，蝙蝠怎么向着路飞飞呢？

● 飞向路飞

别忘了，我们还有霸气这个角色呢。霸气是从路飞发出的，也就是我们把霸王色霸气

放在了路飞的身上。那么我们是不是就可以用"面向霸气"这个命令来实现呢？

● 当碰到"霸王色霸气"时，两只蝙蝠被消灭，然后等待若干时间，再出现

两只蝙蝠被消灭的前提是碰到霸气，所以判断条件可以是碰到霸气的红色，也可以是碰到霸气这个角色。

我们希望蝙蝠在消失后，隔一段时间再出来，但是等待的时间又不需要每次都一样，随机出现。

试一试

这样的随机等待时间怎么实现呢？

这里需要用到数据区的产生随机数的命令，如图6-11所示。

图6-11 产生随机时间

等待随机时间，再显示，如果是Bat1就需要回到左上角显示，而Bat2就需要回到右上角显示。

● 如果蝙蝠碰到路飞，那么玩家任务失败

如果蝙蝠碰到路飞，那么玩家任务失败。路飞是背景中的一部分，我们的判断条件就只能是碰到路飞身上的颜色，例如碰到路飞的黄色帽子，然后任务失败。此时需要告诉所有背景和角色，任务失败了，所以这里可以使用广播消息来实现。

蝙蝠的完整程序如图6-12所示。

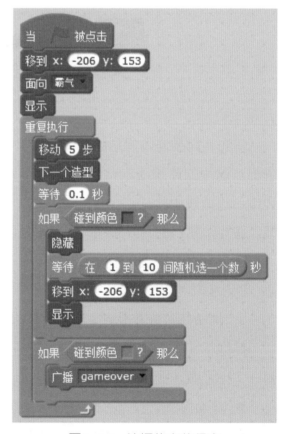

图6-12 蝙蝠的完整程序

怎么让蝙蝠在碰到霸王色霸气的时候，以一种特效化的方式消失呢？

答：可以使用外观中的两个特效命令，如图6-13所示，大胆尝试一下吧。

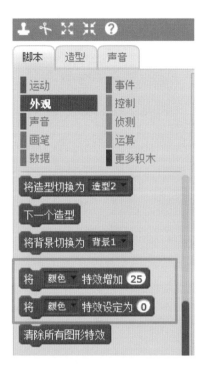

图6-13　特效命令

2. 霸气

● **当单击绿旗时，处于隐藏状态**

游戏开始的时候，霸气是隐藏的，只有路飞需要它的时候，它才能出现。但是隐藏在哪里是设计者需要提前考虑的。霸气是由路飞产生的，因此，可以把霸气放在路飞身上，然后隐藏。

● **玩家的声音大于某个大小时，显示并逐步扩大**

试一试

Scratch如何得到玩家的喊声呢？

Scratch的内置变量中有 个叫"响度"的变量，就是用来获取玩家的喊声的。玩家喊声的大小就是存储在"响度"这个变量中。

那怎么实现玩家的声音大于"某个大小"时，霸气显示并逐步扩大呢？

首先需要将"响度"变量与"某个大小"进行比较，如果"响度"大于"某个大小"，霸气显示（见图6-14）。

图6-14　显示"霸气"

只是显示还不行，只有逐步变大才能在遇到蝙蝠时，消灭蝙蝠。那怎么让它逐步变大呢？在我们之前讲过的角色变大里面，都是一次让角色变到某个大小，现在要求角色逐渐变大。就需要多次执行角色变大这个命令。如图6-15所示，具体的大小还要自己尝试哦。

图6-15　调整霸气逐渐变大的效果

把上面的功能进行组合，就得到了霸气的程序（见图6-16）。

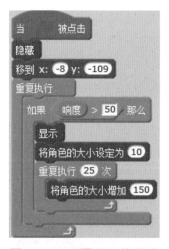

图6-16　"霸气"的程序

3. Game Over

"失败"的场景一般可以使用背景来处理。在这个程序里，"失败"是以角色形式出现的。

角色在什么情况下显示，又是怎么知道这种情况的？

这就要用到第5章中学过的广播，他可以接收蝙蝠发出的失败的消息，并且出现"Game Over"的程序如图6-17所示。

图6-17 "Game Over"的程序

运行一下你的程序，看看是不是成功了？试一试，你的计算机的响度的最大值是多少？

6.3 接球游戏——变量的计数功能

在Scratch中，变量的一项很重要的功能是记录分数。我们通过"接球游戏"这个程序一起来学习使用变量来计数（见图6-18）。

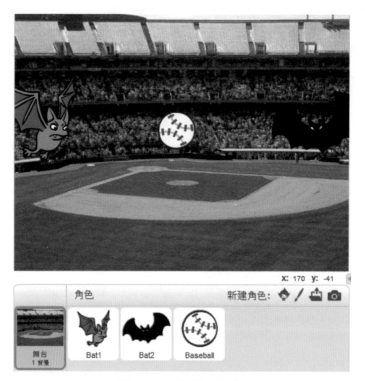

图6-18　背景及角色

背景：baseball-field

角色：Baseball，Bat1，Bat2

故事：两只蝙蝠最近特别喜欢棒球运动，趁着运动员还没有进球场，它们约了一场接球比赛，两只蝙蝠只能上下移动接球，接球多的一方获胜。

玩法要求：

蝙蝠通过按键控制，实现上下运动，同时扇动翅膀。

按空格键后，球从屏幕中心向随机方向发出，如果碰到边缘，就会反弹，如果碰到某只蝙蝠，则这只蝙蝠得分。棒球隐藏并到屏幕中央重新发出。

首先完成准备工作，添加需要的背景和角色，这些都可以在背景库及角色库中找到。

接下来又到了我们一起分析角色动作的时候了。

1. Bat1

Bat1的动作分析如下。

1）当单击绿旗后，比赛开始，Bat1做好了准备，即一直不停地扇动翅膀。

2）当按W键时，向上移动。

3）当按S键时，向下移动。

这部分内容比较简单，代码如图6-19所示。

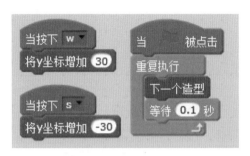

图6-19 蝙蝠的程序

2. Bat2

Bat2的动作分析如下。

1）当单击绿旗后，比赛开始，Bat2做好了准备，即一直不停地扇动翅膀。

2）当按上移键时，向上移动。

3）当按下移键时，向下移动。

对于Bat2的程序就不多说了，只是提醒注意需要在Bat1的程序中把w键改为上移键，s键改为下移键即可。

3. Baseball

Baseball的动作分析如下。

1）当单击绿旗后，显示棒球，从初始位置即舞台的中心面向随机方向发出。

面向随机方向，可以使用"面向_方向"命令，它一般有四个选项，当然你也可以修改数字。要想实现随机的效果，可以将数字用Scratch中的内置变量"在 1 到 10 间随机选一个数"来代替。

2）出发后，如果碰到Bat1或者Bat2，就隐藏；如果碰到Bat1，Bat1得一分；如果碰到Bat2，Bat2得一分。

碰到蝙蝠，记录得分，因此需要两个变量，一个用来记录Bat1的得分，可以叫作"Bat1得分"，一个用来记录Bat2的得分，可以叫作"Bat2得分"。

任何比赛在比赛开始的时候得分都是0，蝙蝠的"接球游戏"也不例外。需要将得分的初始值设定为0。

3）当蝙蝠接住棒球后，隐藏棒球，按下空格键，重新从初始位置出现，出发的方向随机。

"接球游戏"的完整程序如图6-20所示。

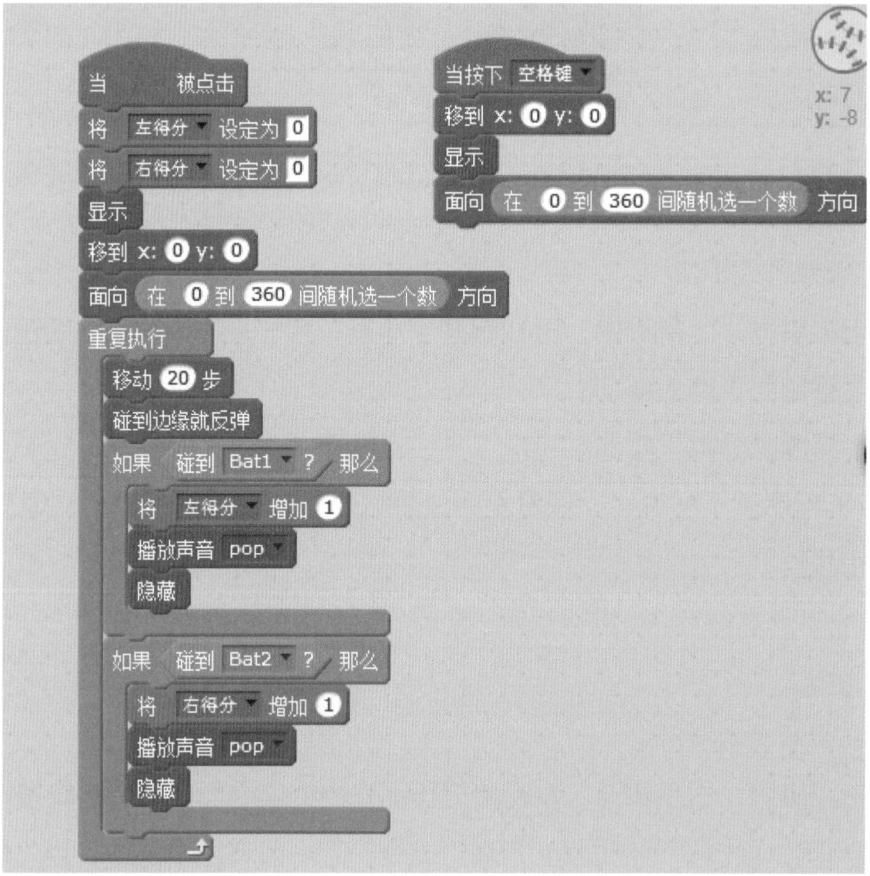

图6-20 "接球游戏"完整程序

思考一下

为什么重新发球后，不再设置一直移动的命令即"移动20步，碰到边缘就反弹"？

试一试设置之后的效果。

运行一下你的程序，看看是不是成功了？你还可以加入声音效果，在蝙蝠接住棒球之后，发出欢呼的声音，表示成功接球。

(6.4) 摩托车 II ——变量的状态控制

在第3章中介绍循环时，我们已经编写过关于摩托车的程序了。当时我们用旋转模式命令来控制摩托车的速度，用"移动10步"来控制树的速度。其中数字10是一个固定数字，不能在程序运行的过程中修改。接下来我们用变量随时修改程序运行时摩托车和树的速度，从而控制摩托车和树的状态变化，此外，摩托车上的Anna在感受到速度太快时会举起双手（见图6-21）。

图6-21　背景及角色

玩法要求：

随时能改变摩托车的速度。

随时能改变树的速度，树向后移动的速度与摩托车向前移动的速度相同。

当摩托车和树的速度值大于10的时候，Anna兴奋地举起了双手。（这是危险动作，实际驾驶过程中请勿模仿。）

我们在第3.5节的"摩托车"程序的基础上进行修改。在此，我们先回顾一下之前的程序，如图6-22所示。

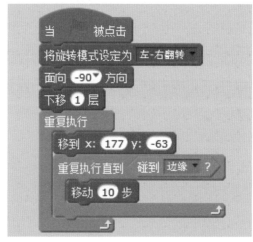

图6-22　3.5节的"摩托车"的代码（左边为车轮，右边为树）

思考一下

在这两段程序中，控制车轮旋转速度和树移动速度的命令是什么呢？

答对了，就是旋转的度数和每次移动的步数，当我们希望它们可以随时改变的时候，它们还能是一个固定的数字吗？

显然是不能的。这就好像篮球比赛中的记分牌，一定要能改变才能记录变化。所以在这里，我们引入变量来改变车轮和树的快慢。

我们需要新建一个变量，并将其命名为：速度。由于摩托车、树和小女孩都受这个变量控制，即所有角色都需要用到这个变量。因此这个"速度"变量"适用于所有角色"，如图6-23所示。

图6-23 创建速度变量

那我们如何用变量来改变摩托车的速度呢？此时需要将变量"速度"应用于摩托车的程序中，才能发挥作用，如图6-24所示。我们需要将变量放入之前数字10所在的地方。这时候它的旋转速度不再是10，而是"速度"。

图6-24 用变量"速度"来控制车轮的旋转速度

树的程序也类似修改。原先树的程序中用"移动10步"命令中的10来固定树的移动速度。只需要用变量"速度"来代替数字"10"即可，如图6-25所示。

当摩托车和树的速度值都大于10的时候，Anna兴奋地举起了双手（这是危险动作，实际驾驶过程中请勿模仿）。

什么时候速度会大于10呢？这需要使用已经学过的条件。此时，变量作为判断条件中的那一部分来使用（见图6-26）。

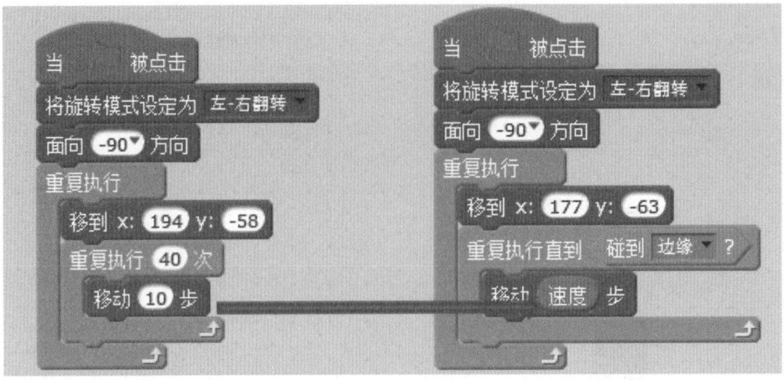

图6-25　用变量"速度"来控制树的移动速度

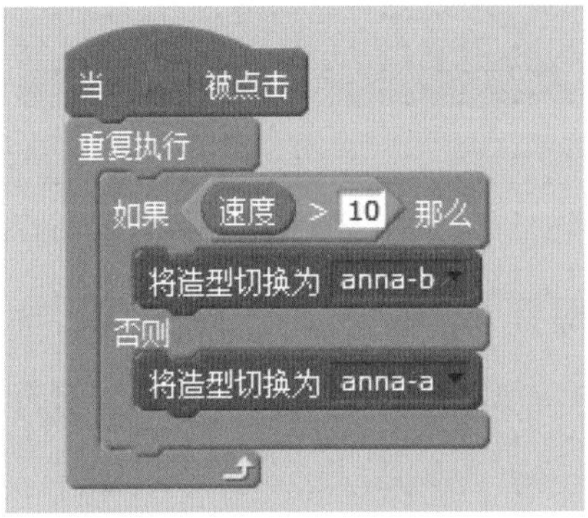

图6-26　将变量用于条件判断

我们已经把车轮旋转速度和树的移动速度都用变量"速度"来控制了，怎么控制"速度"这个变量呢？

可以通过键盘上的上移键和下移键来控制，如图6-27所示。

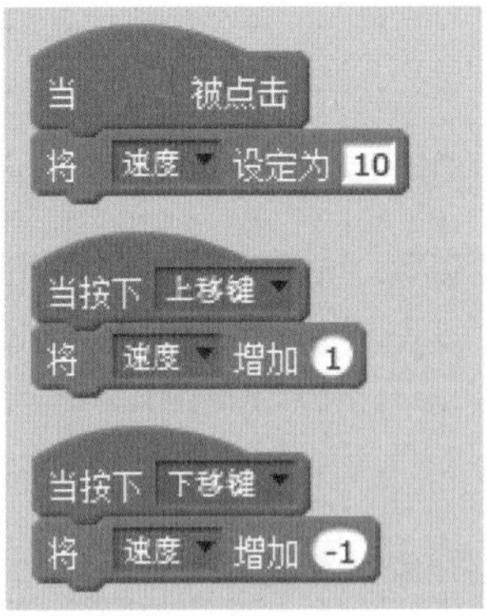

图6-27　"速度"控制

122

注意　　因为"速度"对所有角色都起到作用，而且这是一个适用于所有角色的变量，因此这段程序可以写给任意一个角色。

运行一下你的程序，看看是不是成功了？

6.5　小结

本章主要介绍了变量的基本概念，从生活中的变量引申到Scratch中的变量：命名、作用范围、数据类型、删除、重命名，以及内置变量和新建变量。通过"霸王色霸气"分析了内置变量的使用以及变量用于条件判断，"接球游戏"分析了变量可以用来计数的功能，"摩托车Ⅱ"分析了通过变量来控制状态的功能。

在前面的几章中，我们已经介绍了计算机语言的三种结构以及计算机中数据的载体——变量。本章将对其中两个重要的结构：循环和条件进行深入学习。首先会对条件中的基础概念——布尔逻辑进行深入讲解，然后讲解Scratch中循环与条件的组合——直到型循环。

7.1　简单布尔逻辑

在第4章里，我们重点介绍了在Scratch中如何使用条件进行程序控制，本节会详细解释条件中的相关数学知识及Scratch中的部分特殊命令。

Scratch中的条件是用图7-1所示的积木块实现的。

图7-1　Scratch中条件使用的命令

六边形区域里只能放入一些特殊的命令，这部分命令需要计算机判断，并根据判断执行相应的程序。这部分需要判断的命令在现实生活中被称为命题，在数学或计算机中被转换为一种特定的表达式——逻辑表达式。

命题在现实生活中指表达判断（肯定或否定回答事物是否具有某种属性）的语句，这些语句有一个共同点：有"真""假"。符合实际的是"真"，反之，不符合的就是"假"。例如："2大于1"就是一个命题，而且为"真"；"1大于2"也是一个命题，但为"假"。

命题在Scratch中以六边形的框来表示，如图7-2所示的几个命令。

图7-2　Scratch中命题的表达方式

这些命令集中于侦测和运算区域中，注意仔细观察：这些命令的顶端和底部都没有凸起和凹槽，这意味着什么？它们无法独立直接连接在程序中，必须嵌入有六边形区域的命令中！

这些命令的一个共同特点是可能是对的——真，也可能是错的——假。计算机需要根据这些命令的结果——真或假，以执行相应的操作。

7.2　侦测中的布尔逻辑模块

侦测中有许多使用布尔逻辑的命令。这些命令有一个共同特点——对操作者或程序中角色的动作的判断（见图7-3）。

图中的前三个用于判断角色的动作，这三个命令在条件中已经使用过很多次。这里不再详细解释。

对于后面两个命令，我们会很疑惑，在事件中，我们用到了"当空格键被按下"，"当角色被点击时"。

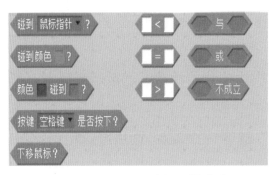

图7-3　侦测中的布尔逻辑命令

两者有什么区别呢？

我们先来说相同点：它们都可以用来判断操作者的动作，而且效果是相同的。

那么区别呢？使用方法不同。事件中的两个命令是程序头，拿出来就可以使用。但侦测中的命令是不行的，需要配合条件及循环才能使用。例如要求按下空格键时角色移动10步（见图7-4）。

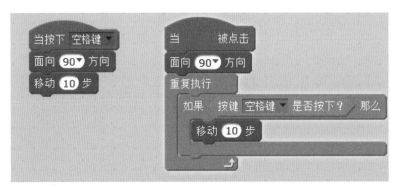

图7-4　按下空格键时角色移动10步的两种不同实现方法

7.3　组合逻辑模块

在数据中还有另外一组特殊的模块，称为组合逻辑，它们本身是布尔逻辑命令，同时

它们内部也必须加入布尔逻辑命令（见图7-5）。

仔细观察这三个命令，可以发现在内部还有六边形，这意味着这里必须再插入一个布尔逻辑模块，当然也可以插入它们自己（见图7-6）。

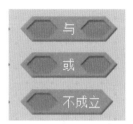

图7-5　组合逻辑模块

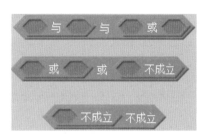

图7-6　与自己组合

它们是什么意思呢？

：当且仅当里面的两个命题都为真时，这个组合逻辑的结果才为真。在Scratch中，你可以理解为只有其中的两个模块所描述的事情都发生时，这个模块就产生作用。

：当且仅当里面的两个命题都为假时，这个组合逻辑的结果才为假。这个命令的意思是，只要两个模块所描述的事情只要有一个发生，这个模块就产生作用。

：与里面的命题真假相反。这个比较好理解，命令里面的模块没有发生。

让我们一起来看个例子（见图7-7）。

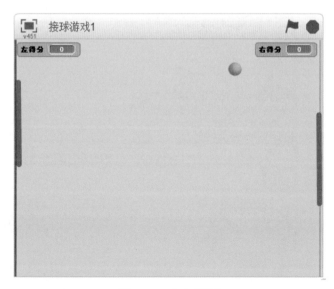

图7-7　桌上弹球

是不是很眼熟？这个和大家在游乐场里玩到的一个叫桌上乒乓的游戏很类似。规则如下：

左边和右边各有一个球板，这两个球板通过键盘控制，可以上下移动。

球在桌面上移动，碰到边缘会反弹，如果碰到左边的球板，那么左得分会增加1；如果碰到右边的球板，那么右得分会增加1。

两挡板的后面各有一个底线，如果碰到左边那条粉色的底线，那么是右边得分增加1，因为左边的球板失守了。同理，如果碰到右边那条绿色的底线，左边得分会增加1。

有任何一方得分时，球都会回到舞台中央，向失分的一方发球，但方向是随机的。

分析：

球板通过键盘进行控制，我们可以使用"当…键被按下"，然后确定球板的移动方向，继而移动来实现。

对于球而言，比较复杂，除了运动之外，还需要考虑不同的得分情况，没关系，我们先来写下球运动的程序。

在最开始时，球必须先移动到球台中央，接着确定一个发球的方向，然后就可以移动了，在这个过程中，如果碰到边缘，则反弹。具体程序如图7-8所示。

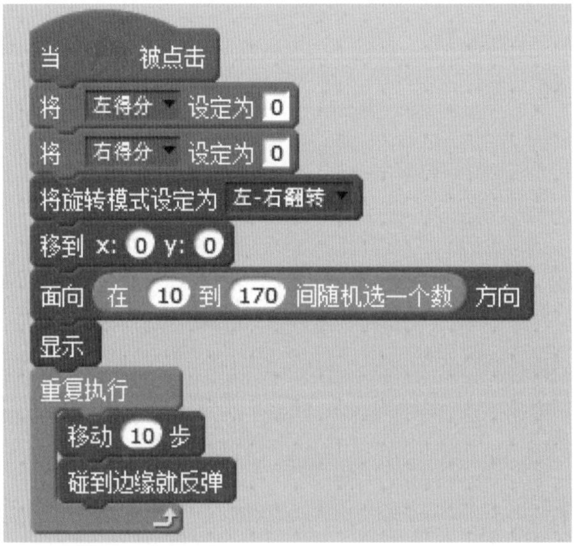

图7-8　球的移动程序

我们现在来分析得分，以左边的球板为例，有两种情况：球碰到左边的球板；球碰到右边的底线。这两种情况只要有一种满足，那么左边的球板就会得分，也就是说碰到左边挡板的角色或者碰到右边的绿色。写成的命令如图7-9所示。

图7-9　判断球板得分的方法

当然你也可以把它用如图7-10所示的方式实现。

图7-10　用两个条件来判断球板在不同情况下的得分

好了，现在我们来看下碰到角色后的任务：

要将左方得分增加1；

为了给大家准备时间，需要等待0.5秒才能再次发球，但等待这0.5秒之前，如果球还显示在中间，会显得有些奇怪，所以我们要先隐藏，再等待；

移到屏幕中央；

选择发球的方向；

显示。

具体的程序如图7-11所示。

需要注意的是，这一段程序是在球移动的过程中发生的，而控制球的移动是通过重复无限次那段程序实现的，所以这部分条件应该加在循环内。

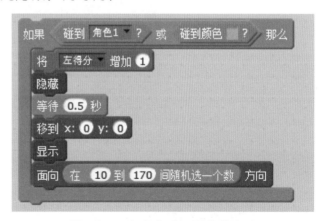

图7-11　实现左球板得分的方法

好了，你可以参照这段程序去写下右球板得分的程序了。球和判断得分的程序如图7-12所示。

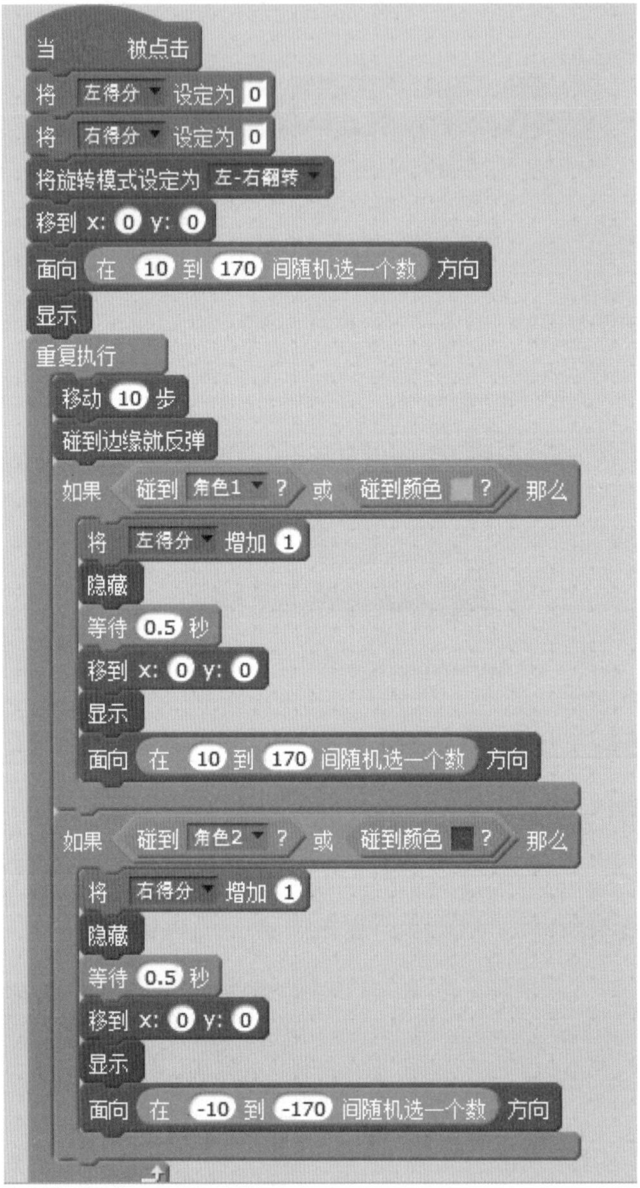

图7-12 球运动及得分判断的程序

注意　右球板得分后，发球方向发生了变化，球会向左运动，所以面向方向的命令中角度都是负值。

7.4 循环与条件的结合——直到型循环

在第3章里，我们介绍了两种不同的循环——次数明确的循环和无限次循环，这两种循环有一个共同的特点——需要事先确定循环的次数。

本章介绍的循环则是一种不需要确定次数的循环，中止循环时是靠条件来实现的。也就是说，当满足某种条件的情况下，循环不再执行，转而继续执行后面的程序。

7.4.1 在…之前一直等待

Scratch的控制标签中有一个命令"在…之前一直等待"，如图7-13所示。

在 ⬡ 之前一直等待

图7-13 "在…之前一直等待"命令

虽然只有一句话，但是这句话的本质是一个循环：程序执行到这里时，会持续执行"等待"，如果六边形框中的要求无法满足，那么会一直"等待"下去。

接下来以"安全过马路"的小故事为例来介绍这个命令（见图7-14）。

图7-14 安全过马路

一头小熊要横穿马路，但是过马路应该遵守行人过马路的安全规则：

红灯的时候要停下来；

绿灯的时候才能通过。

分析这个小故事可以知道，既然是红灯停，绿灯行，那么图7-14中的红灯、黄灯、绿灯是需要轮番亮的。在人行道一侧的北极熊则需要在绿灯时沿着人行道穿过马路。

试想一想利用以前的知识，如何让小熊知道是绿灯亮呢？

发消息！是的，这个方法是可以的：当灯切换到绿灯的造型时，发一个消息，例如"移动"，小熊收到消息，开始向前移动。

我们也可以采用这样的方法来避免发消息：让小熊在红灯切换到绿灯前一直等待，换言之，在切换到绿灯后停止等待，然后执行后面的动作。

目前，我们已经知道可以用"在…之前一直等待"命令，但如何把交通信号灯的造型和这个命令关联起来呢？

在Scratch的"侦测"标签中有一个命令：x座标 of Bear2 ，这个命令描述了角色的某些特性。你可以单击"x坐标"旁边的黑色小三角，会发现如图7-15所示的选项。

图7-15　角色的部分特性

对于这个小故事来说，我们需要的是交通信号灯的造型，所以可以选择图7-15中的任何一个：造型#或costume name（见图7-16）。

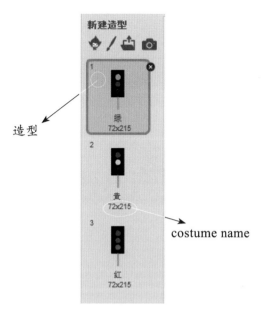

图7-16 造型#和costume name

这里以costume name为例来完成小熊的这个任务。在选定costume name之后，需要单击一下bear2旁边的黑色小三角，将角色改为红绿灯。这样，命令就变成了下面这个形式： costume name ▾ of 红绿灯 ▾ 。

这个命令只是取到了角色"红绿灯"的"costume name"，我们的要求是在绿灯前一直等待，所以还需要判断下costume name是否是绿色。需要注意的是，在图7-17中，costume name的结果可以是：绿、黄、红。我们用图7-17所示的逻辑判断来确认红绿灯的状态。

图7-17 红绿灯状态的识别命令

把这个命令放入图7-13的六边形中，就实现了让小熊在绿灯前等待（见图7-18）。

图7-18 小熊在信号为绿灯时等待

对于这个小故事，小熊的整个程序如图7-19所示，供大家参考。

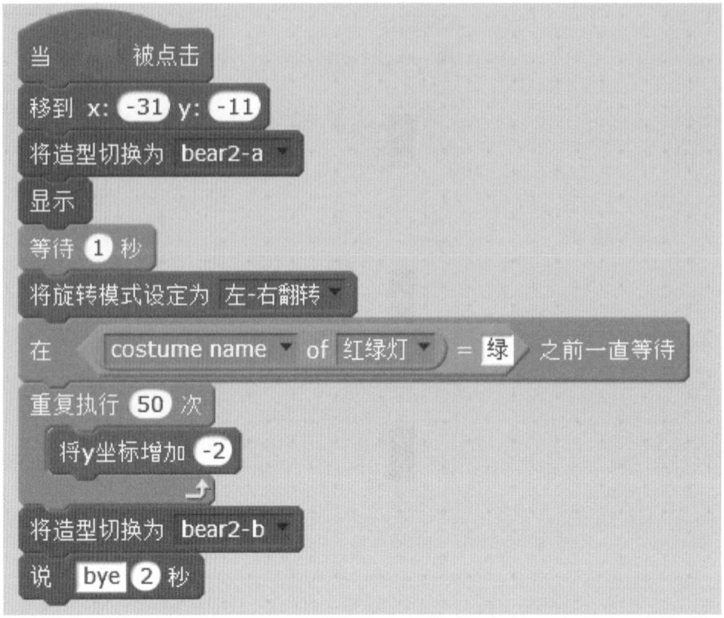

图7-19   "安全过马路"中小熊的完整程序

如果想要实现整个功能，别忘了编写红绿灯的程序。

除了这个命令外，在Scratch中你还能想到哪些类似的命令呢？

7.4.2   重复执行直到…

"重复执行直到…"是直到型循环的典型表达方式，这种循环方式几乎在所有的计算机语言中都包括。在Scratch中"重复执行直到…"命令，如图7-20所示。

接下来以常见的跳跃游戏来看一下这一类型命令的使用方法和特点（见图7-21）。

玩法要求：闯关者可以通过向左走、向右走、向左跳、向右跳、向上跳等方式在黑色平台间移动，目标是到达绿旗进入下一关。角色在移动或跳跃下落过程中，只有落到黑色平台上会停止，否则会向下落入岩浆。这时候闯关者只能回到起点重新开始。

首先从简单的部分开始：跳起后下落。假如，设定键盘上的e键是向右上跳，那么当按下e键时，增加角色的x值，然后再增加y值，同时为了逼真，我们需要用循环让这条命令多执行几次，以避免出现"瞬移"的情况（见图7-22）。

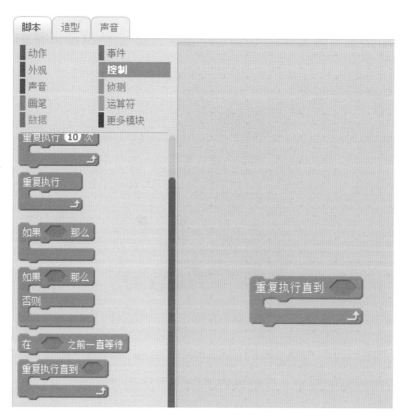

图7-20 "重复执行直到…"命令

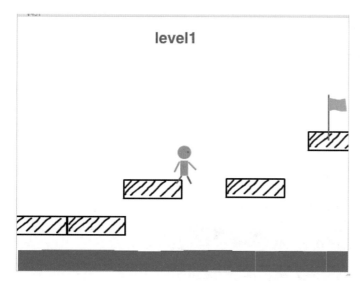

图7-21 常见的跳跃游戏

图7-22 角色向右上跳的程序

下落的话，只需要将y坐标增加负值就可以了，但无法知道他下落多少。我们能知道的是闯关者在碰到黑色就可以停止了，想到怎么用命令处理了吗？可以采用"重复执行直到…"命令，例如这里是碰到黑色后停止下落。至此上跳以及下落的程序都有了（见图7-23）。

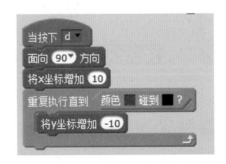

图7-23　角色上跳及下落的程序

在上面的处理中使用了"颜色蓝碰到颜色黑"命令，目的是防止闯关者的身体碰到黑色也可以停止，只有蓝色的部分（这里是脚的颜色）碰到才可以。

好了，写完这部分程序，你可以试下了。

咦，有个小问题：如果闯关者在空中，依然可以动。怎么解决呢？

试着增加条件，只有在碰到黑色的情况下，这部分程序才可以执行。

解决完了跳，我们需要处理下左右移动，如果一不小心移出了平台，闯关者将直线下落，掉入红色岩浆中。你可以对比向右上跳的程序来完成这部分功能，角色平移移出平台时下落的程序如图7-24所示。

图7-24　角色平移移出平台时下落的程序

7.5 小结

本章简单介绍了布尔逻辑以及Scratch中循环与布尔逻辑的结合使用。布尔逻辑是逻辑的数学表达，受限于阅读对象，这里没有进行深入展开，只是结合Scratch的基本命令进行粗浅介绍，相关知识非常丰富，学有余力，可以参考更专业的资料。

第8章 函数

通过前几章的学习，相信大家已经能够编写一些简单的程序了。随着程序越来越复杂，我们要学习一个新的模块来将程序简单化、条理化，这就需要用到这一章要介绍的函数的概念。

8.1 函数的概念

8.1.1 如何组装机器人

相信大家在生活中都有过堆积木或者组装机器人的经验，一个机器人是怎么组装起来的呢？

我们可以把组装机器人的步骤分为以下几步：

1）准备好组装机器人的所有零件。

2）搞清楚每一个零件的作用，或者摆放在机器人的什么位置。

3）将机器人的这些零件按照顺序组装起来。

4）测试机器人能不能正常移动。如果测试成功，我们就顺利地实现了机器人的拼装。如果测试不成功，还要找到出问题的地方，再进行相应的调整。

通过以上四步，我们的机器人就组装好了。

那么小朋友们可能会问，机器人和我们写的程序有什么关系呢？我们可以把所要完成的程序当作一个完整的机器人，现在要做的就是给这个机器人准备需要用到的零件，也就是一段一段独立的小程序，然后按照组装机器人的方法将这些小程序按照顺序拼接。我们把这样独立的一段小程序叫作函数。

什么情况下我们需要使用函数呢？可以分两种情况。

第一种情况：如果一段程序比较长，写在一个程序起点下可能会让它看起来比较复杂，也不容易修改。这时候我们可以把其中的某些部分写成一个对应的函数，通过使用函数命令来运行这一小段程序。

第二种情况：我们要在一个程序中多次实现某一功能（例如移动一段距离），但又不符合使用循环的条件，这时候我们需要多次重复编写实现此功能的程序，这样的程序看起来不够精练。我们可以把这些多次出现的小程序写成一个函数，通过使用函数命令来实现多次运用，这样可以将代码精简很多哦。

8.1.2 Scratch中的函数

在Scratch中，我们可以自己设计函数的名字和相应的小程序。在脚本区域的"更多模块"分类中可以看到"新建功能块"命令（见图8-1）。

图8-1 "新建功能块"命令

单击"新建功能块"后，会出现一个紫色的新模块，在这个模块中间，可以给此模块命名，也就是我们将要实现的函数的名字（见图8-2）。

图8-2　函数命名

> 给大家一个小提示哦！在命名函数的时候，尽量让名字符合你这个函数的功能，这样才能让自己的代码更直观。例如，如果我这段程序是用来让角色说"hello"，那我的函数名字就叫作"说hello"。

（注意）

输入函数名字之后，单击"确定"按钮，这时候可以看到脚本区出现了对应函数名字的新命令，在编写程序的区域出现一个新的程序起点"定义说hello"，如图8-3所示。

图8-3　定义好的函数

这时候，我们已经成功地创建了一个函数，但是这个函数中还没有内容，需要我们去添加相应的程序，这个函数才算真的完整了。

试一试

你知道怎么建立函数模块了吗？

相信我讲了这么多，同学们还是对函数的用法不够了解，接下来，让我们一起来看几个用函数实现的小故事吧。

8.2 迷路的小球——不含参数的函数

在8.1节中，我们介绍了函数是什么，以及在Scratch中如何创建函数，但是函数究竟应该怎么去写，怎么去用呢？我们带着这个小疑问，一起来帮助一下这个"迷路的小球"吧（见图8-4）。

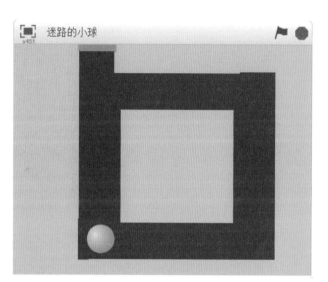

图8-4 迷路的小球

故事：小球是一个小迷糊，它总是记不清自己的家在哪里，妈妈告诉他，沿着路一直向前，走到绿色的地方就到家了。可是小球总是记不住妈妈的话，于是他就在回家的路上转啊转啊，一直转了好几圈才找到回家的路，回到家后，小球开心地说："终于回来了。"

问题分析：

背景：有路线的背景（自己绘制有道路的背景）

角色：小球（ball）

玩法要求：

单击绿旗后，小球从指定位置出发，绕着蓝色的正方形移动，移动五圈后，小球想起了回家的路，选择正确的路线走到绿色位置，并且说："终于回来了。"

角色的动作分解如下：

1）单击绿旗回到起点位置；

2）向上缓慢移动，向右缓慢移动，向下缓慢移动，向左缓慢移动（重复此动作）；

3）向上缓慢移动到达绿色位置，然后说"终于回来了"。

经过前面几章的学习，这个小故事对你来说应该非常简单了。因此，这里不再细讲每一步怎么实现，最终完整的程序如图8-5所示。

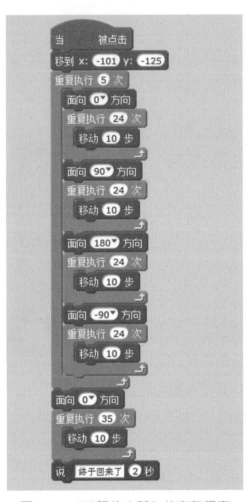

图8-5　"迷路的小球"的完整程序

在这个程序里面，你有没有发现，有一部分内容，我们重复写了好几遍。这样重复使用的命令，让整个程序看起来非常复杂。学习了函数之后，我们可以用一个简单的方式将上面的程序简化。

首先，我们需要创建一个新的函数模块，这里将函数命名为"移动"。创建好相应的

函数模块后，将图8-5中重复使用的命令  放在函数模块中，如图8-6所示。

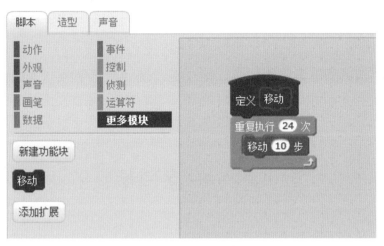

图8-6 函数"移动"

这时候，我们已经写完了这个名为"移动"的函数，它的功能是让角色移动一段距离。我们将这个函数命令代替图8-5中相应的命令，结果如图8-7所示。

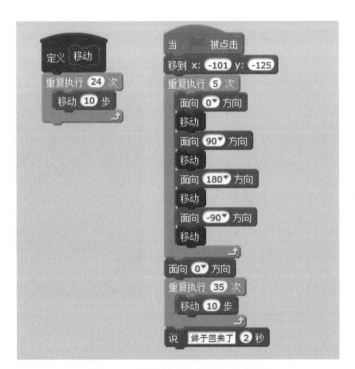

图8-7 使用了函数的小球程序

试一试

小球的程序和之前相比有什么区别吗？

在使用函数功能后，复杂的程序开始变得简洁、明了，也便于对程序进行修改，这就是使用函数的一大好处。

现在，学习了函数的基本使用功能，是不是发现自己之前编写的很多程序都可以用函数来简化呢？快动手修改吧。

8.3 笨小车——含有参数的函数

8.2节中介绍了函数的一个基本用法：将程序中某些重复出现的内容用函数来替换，让程序变得更简单明了。但是，更多的情况下，在程序中往往是很多程序内容相似，但略有区别。

这时候我们怎么利用函数的功能呢？

接下来我们通过一个新的小故事——"笨小车"来学习函数的其他功能（见图8-8）。

故事：在马路上有一辆很笨的小车，它不会自己控制移动方向，只有看到不同的颜色才会转弯。在马路的不同路口分别摆放了不同颜色的小板，小板的颜色可以通过单击相应的小板进行改变，每单击一次会改变一种颜色，一共有红、黄、绿三种颜色。小车看到绿色的小板会向左转90度；看到黄色的小板会向右转90度；看到红色的小板会掉头（可以理解为向右转180度）。

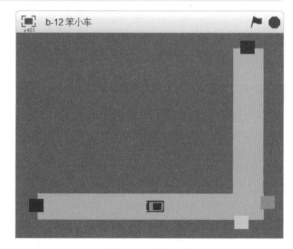

图8-8　笨小车

问题分析：

背景：深绿色背景上有灰色的道路

角色：小板1（红、绿、黄三种颜色），小板2（红、绿、黄三种颜色），小板3（红、绿、黄三种颜色），小板4（红、绿、黄三种颜色），笨小车

角色动作：

小板1、2、3、4：角色被单击后改变颜色。

笨小车：不断向前移动，碰到红色小板向右转180度，碰到黄色小板向右转90度，碰到绿色小板向左转90度。

需要注意的是，因为这里的每个小板被单击后会改变颜色。因此，每个小板都有三个不同颜色的造型（见图8-9）。

小板1、2、3、4的动作非常简单，只需要控制切换角色的颜色，程序如图8-10所示。

图8-9　小板造型　　　　图8-10　小板程序

接下来我们来看小车的程序，在第4章条件的学习中，我们学会了如何让角色在不同情况下做不同的动作。现在，快用条件判断的方式完成你的小车程序吧。

图8-11所示是小车的程序。在这段程序中，我们可以看到"重复执行"命令中有三个条件判断的命令，用来判断碰到不同的颜色旋转不同的度数。细心的你可能

会发现，这三个条件判断的程序是相似的，它们都是判断碰到什么颜色，结果都是旋转。

图8-11　小车程序

试一试

是否可以利用函数的方式来让程序更简单呢？

答案是可以的。那么怎么用函数呢？让我们一起来学习一下。

还是之前创建函数模块的方式，只是，如果我们需要把其中的一些内容设定为可以改变的，在创建函数的时候添加一些参数。

这里的"参数"指的是：在每次使用这个函数命令的时候，都可能会发生改变的东西。例如，这里每次判断碰到的颜色是不一样的，判断条件后旋转的度数也是不一样的。在函数中，我们将这些每次会发生改变的"量"叫作参数。

单击"新建功能块"之后，先给函数写好名称，可以取名为"旋转"。设定好名称后，先不单击"确定"按钮，单击下方的"选项"，会看到如图8-12所示的内容。

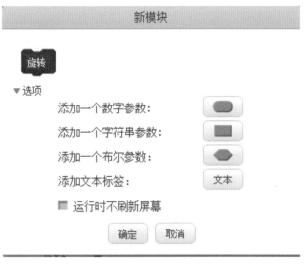

图8-12　带有参数的函数

可以看到这里有几个添加参数的选项，分别是数字参数、字符串参数、布尔参数和文本标签。这些参数代表了，每次使用这个函数，写着参数的内容是可以改变的。例如，在"笨小车"的程序中，每次判断的颜色条件不同，旋转的度数也不同。因此，这里我们需要设定两个参数，一个是数字参数，用来更改旋转度数；一个是布尔参数，用来设置每次判断的不一样的条件。单击右侧相应的图标可以添加对应的参数，添加参数之后，修改参数的名字，数字参数的名称可以改为"度数"，布尔参数的名称可以设定为"碰到的颜色"。

这时候，添加的新模块如图8-13所示。

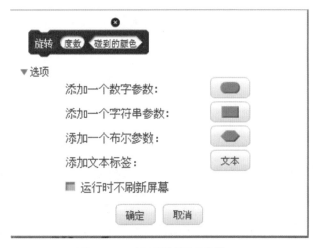

图8-13　给函数添加参数

添加完成后，单击"确定"按钮，函数如图8-14所示。

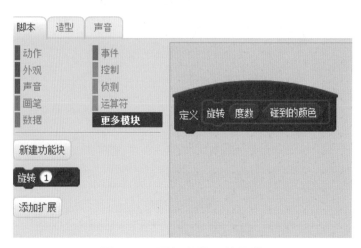

图8-14　添加参数后的函数

这里我们添加的函数有两个可以填充命令块的区域，分别是我们设定的两个参数。接下来将函数的内容编写完整。

如图8-15所示，在"旋转"函数的程序部分，需要每次改变的地方，我们放置了相应的参数命令，这样在每次使用函数的时候，可以根据不同的内容进行修改。

图8-15　"旋转"函数

在这里，我们补充一个数学上的小知识——一个圆是360度。向左转90度和向右转270度是同样的效果。因此，我们将图8-11中的"向左旋转90度"改成"向右旋转270度"。这样三个条件判断的结果就都是向右旋转了，只是每次旋转的度数不同（此处如果不能理解角度的问题，可以先记住这个结果）。

现在，我们使用已经编写好的函数模块来修改图8-11中小车的程序，修改后的程序如图8-16所示。

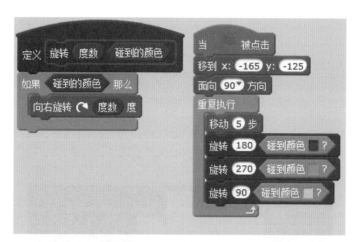

图8-16　带函数的小车程序

完成小车的程序之后，恭喜你已经学会了函数的两种用法。现在，我们再回到8.2节看一下小球的程序。

是否可以用带有参数的函数将程序变得更简洁呢？

8.2节中小球的程序可以用含有参数的函数修改，结果如图8-17所示。聪明的你做对了吗？

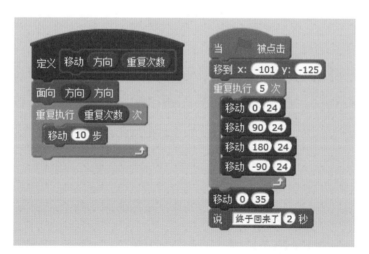

图8-17　重新修改8.2节中的小球程序

8.4 地狱之门

学习了函数的两种不同用法之后，我们来看一个有趣的小游戏——"地狱之门"（见图8-18）。在这个比较复杂的小游戏中，函数是怎样更好地被应用的呢？

图8-18 地狱之门

注意　图8-18中数字标号旁边黑色的竖线都是有不同动作的门，为了方便描述，我们这里将所有的门都用数字标出。

故事：通过按键控制小球移动，小球要躲避移动中可能会碰到的各种门，并要求在途中取得钥匙才能打开7号门，看守钥匙的3号门通过粉色机关和紫色机关控制。最终，小球到达绿色通道显示闯关成功，如果在途中碰到了黑色的墙或者门，游戏结束。

问题分析：

背景：地狱迷宫图，成功背景

角色：小球，紫色机关，粉色机关，1号门，2号门，3号门，4号门，5号门，6号门，7号门，钥匙，绿色通道

玩法要求：

通过键盘上的上下左右键，可以控制黄色小球向上、向下、向左、向右移动。小球碰到粉色机关后，3号门会关闭，将钥匙锁起来；碰到紫色机关后，3号门会打开，如图8-18所示状态，这时候小球可以去拿钥匙。小球拿到钥匙后，7号门会打开，开放绿色通道，否则，7号门处于关闭状态，如图8-18所示，小球不能通过。1号门、4号门、5号门和6号门不断地向左向右滑动，2号门绕着红色方框指示的点旋转。小球碰到绿色通道后，成功通关，切换胜利背景，在胜利背景下，所有角色消失。如果小球在移动过程中碰到黑色的墙或者门，游戏结束。游戏结束后，按下键盘上的上下左右键不能控制小球的移动。

接下来一起分析这个复杂游戏的实现方式。首先，添加相应的背景和角色。添加完成后，我们来一起分析每个角色的动作。

首先是小球，可以将小球的动作分为以下几部分：

1）单击绿旗，显示，确定初始位置；

2）按下上、下、左、右键，在小球没有死亡的情况下，向上、向下、向左、向右移动；

3）碰到粉色机关，广播"碰到机关1"；

4）碰到紫色机关，广播"碰到机关2"；

5）碰到钥匙，广播"开门"；

6）碰到黑色，小球死亡，切换死亡造型；

7）碰到绿色，通关，切换胜利背景。

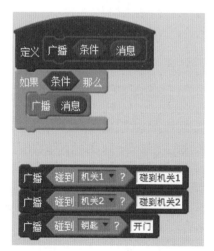

图8-19 "广播"函数

这里我们可以发现，小球碰到粉色机关、紫色机关以及钥匙后，都发送了一条消息（消息的用法可以回顾第5章中事件的内容），只是碰到不同的角色发送的消息不一样，这个时候我们可以用带有参数的函数去完成，如图8-19所示。

我们创建了一个名为"广播"的函数，添加了一个字符串变量用来确定函数广播的消息是什么。同时，添加了一个布尔参数，用来确定每次使用函数时的条件判断是什么。

另外几个条件判断，因为结果相差比较大，所以不能用函数统一设定。程序如图8-20所示。

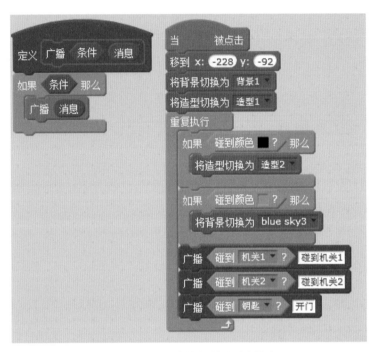

图8-20　小球的条件判断程序

除了碰到各种角色和颜色的判断外，还需要考虑小球的移动。注意，小球在碰到黑色后，游戏结束。这时，按键不能控制小球的移动。因此，我们需要一个变量表示小球的状态，也就是说，需要一个变量来记录游戏是否结束。小球在每次移动之前，需要对这个变量的数值进行判断，根据判断结果决定小球是否可以移动。小球移动的程序如图8-21所示。

添加变量对游戏进行判断后，不要忘了变量的初始化。完整的程序如图8-22所示。

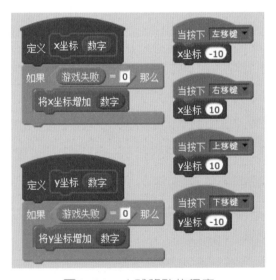

图8-21　小球移动的程序

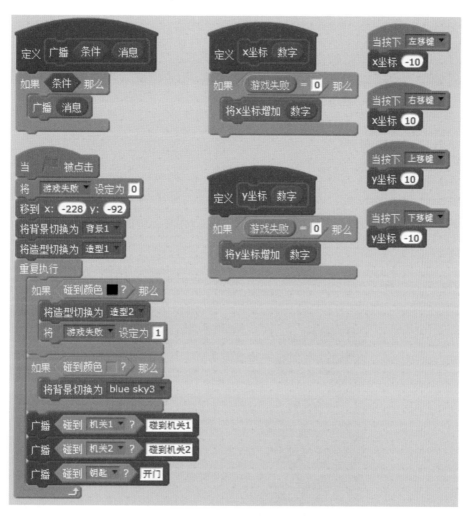

图8-22 小球的完整程序

接下来我们分析两个机关的动作，机关的动作比较简单，而且基本动作相同，因此我们将两个角色归在一起分析。

紫色/粉色机关的动作分析如下。

1）单击绿旗，显示，确定初始位置；

2）切换到胜利背景下，隐藏。

粉色机关的程序如图8-23所示，紫色机关程序相似，在此不详细讲。

图8-23 粉色机关的程序

1号门、4号门、5号门、6号门的动作相似，都是只做向左向右的缓慢移动。这四个角色的动作分析如下：

1号门、4号门、5号门、6号门的动作分析如下。

1）单击绿旗，显示，确定初始位置；

2）重复向左向右缓慢移动；

3）切换到胜利背景下，隐藏。

这里的难点在于，如何让门缓慢移动。在之前几章的学习中，我们已经了解到角色缓慢移动的方法是，将角色的动作放慢。例如角色向前移动100步，可以改写成每次移动10步，重复10次来实现。

1号门的程序如图8-24所示，其余几个门的程序与此相似。

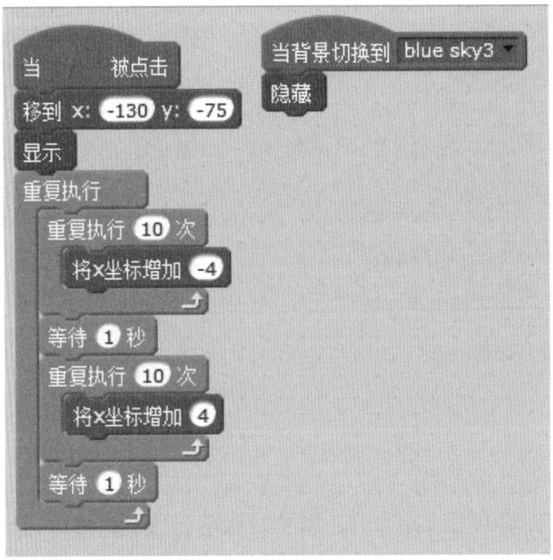

图8-24 1号门的程序

2号门的动作是一个旋转的门，在我们之前讲过的旋转的角色中有一个很重要的概念——"旋转中心"。

思考一下

对于这个不断旋转的2号门，它的旋转中心在哪里呢？

如果要搞懂旋转中心在哪里，首先要明白，角色是在绕着哪个点转。

如图8-25所示，2号门绕着门的一个顶点旋转。因此，2号门的旋转中心在这个门的一个顶点处。调整好造型中心后，我们来分析2号门的动作。

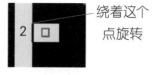

图8-25　2号门的旋转中心

2号门的动作分析如下。

1）单击绿旗，显示，确定初始位置及初始面向的方向；

2）绕着旋转中心缓慢向左旋转90度后，再向右旋转90度；

3）切换到胜利背景下，隐藏。

相类似，2号门的旋转速度也是缓慢的，回想1号门的缓慢移动的方法，思考一下，如何让2号门缓慢旋转呢？

2号门的程序如图8-26所示。

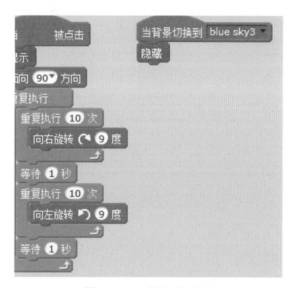

图8-26　2号门的程序

3号门的动作和其他的门略有不同，它不是自己在动，而是通过两个机关进行控制。当我们遇到角色之间的配合的动作时，首先想到的应该是用广播消息的方法来实现。

思考一下

3号门的动作是什么呢？

3号门的动作分析如下。

1）单击绿旗，显示，确定初始位置及初始面向的方向；

2）接收到消息"碰到机关1"，关门；

3）接收到消息"碰到机关2"，开门。

在这里，动作分析的开门和关门是通过角色的方向来实现的。3号门的程序如图8-27所示。

图8-27　3号门的程序

7号门的动作和3号门相似，都是通过消息控制角色的运动，区别在于7号门是由钥匙发消息后控制的。

7号门的动作分析如下。

1）单击绿旗，显示，确定初始位置及初始面向的方向；

2）接收到消息"开门"，开门。

7号门的程序如图8-28所示。

图8-28　7号门的程序

"地狱之门"角色的动作全部分析完毕，快去尝试着做一下吧！需要注意的是，如果设置门移动和旋转的速度比较快，游戏可能会比较难，通过将门的动作设定得再慢一点，可以让游戏变得简单一点。

8.5　小结

在这一章中我们学习了函数的概念。函数可以被看作是组装机器人的一个零件，我们提前准备了很多不同的零件，最后完成整个程序。函数分为有参数的函数和不含参数的函数。每次使用有参数的函数时，其中的某些内容可以自由设定。每次使用不含参数的函数时必须保证内容是一样的。学会了函数的应用后，可以极大地精简程序的算法，前提是要找到程序中可以使用函数的部分。在结束本章的学习后，可以重新看一下自己之前做过的程序，尝试着把其中可以用函数的方法精简的程序都修改一下。

第9章 字符串

之前章节中介绍的操作或变量都是基于数或数字的，如果你认为Scratch只能处理数字，那你就太小看它了，Scratch同样可以处理文字，每一个文字都是一个字符，如果是一连串的文字，则叫作字符串。

本章首先介绍字符串的基本概念，然后逐步展示在Scratch中如何使用字符串来完成任务。

9.1 字符串的基本概念

9.1.1 生活中的语言和信息

在现实生活中，我们经常会和朋友们聊天，你可以轻松知道你想要的信息，例如下面一段对话。

小明："小红，你早上吃的什么？"

小红："我早上吃的是包子。"

小明："你吃了几个？"

小红："1个。"

上面的一段话很简单，你能从中得到什么信息呢？

总结出来就是一句话：小红早上吃了1个包子。人类的总结能力是很强的，从上面一段话中可以快速地发现重要的信息。

对于计算机来说，它必须用自己的命令对上面的文字进行选取、切割和组合后才能和人类一样形成有效的信息。但是在此之前，我们必须把这段文字先引入程序中。

9.1.2 Scratch中的字符串

在Scratch中你输入的文字都是以字符串的形式出现的，如果你想反复使用它，就必须把它用变量进行存储。变量的定义方法在第6章中进行了讲解，Scratch并不需要你指定变量用于存储什么样的数据，只要定义了，你让它存储一个数或者存储一个字符串都没有问题。

试想一下

如果我们希望存储的是一个单词或者一句话呢？

一起来学习下如何把一句话在Scratch中以字符串的形式保存下来。这个操作可以使用两种方法。

先看小明说过的一句话：你吃了几个？

1. 新建一个变量存储字符串

首先新建一个变量，变量的名字叫作a。然后将a的值设定为"你吃了几个？"，如图9-1所示。

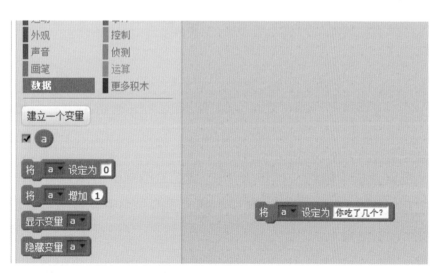

图9-1　新建变量，用于存储字符串

这样，当我们要使用"你吃了几个？"这个字符串时，直接对a进行操作就可以了。

2. 使用Scratch的内置变量

在前面的例子中，直接设定变量的值为"你吃了几个？"。很多时候，需要在程序运行之后再输入一段文字，这就需要用到Scratch中的"询问"命令和内置变量"回答"：询问 What's your name? 并等待 和 回答 。这两个命令都在"侦测"模块中。

那么，这两个命令是如何使用的呢？

例如：

小明："你吃了几个？"

小红："1个。"

我们可以把小明说的"你吃了几个？"放进"询问……并等待"命令中：询问 你吃了几个？ 并等待 。

当我们执行这个命令后，舞台上就变成了如图9-2所示的样子。

图9-2 "询问"命令显示效果

在输入框中输入"1个"，按下键盘上的回车键或者单击输入框右侧的对号图标。在此之前，需要勾选"侦测"模块中的"回答"命令，变成：☑ 回答 。这样你就得到了如图9-3所示的结果。

回答 1个

图9-3 "回答"命令显示效果

9.2 背单词的章鱼哥——从字符串中提取有用的信息

你几乎可以本能地从一句话里找到你所关心的有用信息，但对计算机来说字符是没有区别的，必须通过特定的方式取出有用的信息。在Scratch中，可以按照字符所在的位置把每个字符提取出来以便单独使用。

在Scratch中，提取信息是用 第 1 个字符: world 这个命令来实现的。需要注意的是，这个命令和变量一样，只能放入某个命令中来使用。例如 说 第 1 个字符: world 。

一起来看一下刚接触英语单词时大家的学习方法。这一次，我们让"章鱼哥"来和老师一起背单词（见图9-4）。

背景：chalkboard

角色：章鱼哥（Octopus），教师Avery

故事：章鱼哥学习背单词的方法比较陈旧，会把单词的每一个字母念出来，最后再整体说出这个单词。

玩法要求：

单击绿旗，Avery老师首先对今天的任务提出要求。

从键盘上输入需要拼读的单词。

图9-4 背单词的章鱼哥

章鱼哥把单词的每一个字母"说"出来，然后读出单词。

分析：Avery老师的任务要求是一系列的文字，通过"说…2秒"命令就可以依次说出了，这是一个很典型的顺序执行的问题。

安排完任务，需要向章鱼哥确认"明白了吗？"，章鱼哥回答"明白了"。这两个动作是有时间顺序关系的，需要用到消息来协调各个角色之间的动作。

接下来，可以要求从键盘上输入需要拼读的单词。

在输入单词后，Avery老师会再次要求章鱼哥把这个单词的字母一个一个地说出来。

章鱼哥在收到老师的要求后，把单词的每一个字母说出来，然后是整个单词。

老师最后称赞了章鱼哥。

根据上面的分析，开始完成Scratch的程序吧！但在此之前，还是要先做好准备工作：添加背景和角色。

再来细分一下上面的各个角色的任务。

Avery老师的动作分析如下。

1）安排任务。

2）说"明白了吗？"，并发消息。

3）输入一个单词，要求章鱼哥读出来，并通知它读出来。

4）收到章鱼哥完成的消息，称赞章鱼哥。

对于Avery老师来说，参照上面的分析，完成如图9-5所示的程序吧！

章鱼哥的动作分析如下。

1）章鱼哥需要向Avery老师表达听懂了，这是在收到老师让他开始读之后。

2）收到"单词"消息后，开始一个字母一个字母地说。

3）最后通知老师"完成"。

动作1对大家来说都已经很简单了，可以参考图9-6所示的程序。接下来一起讨论一下动作2和动作3。

章鱼哥必须按照单词的字母顺序将字母一个一个地说出来，这意味着要先说单词的第1个字母，然后说第2个，第3个，直到说完。

图9-5　Avery老师的完整程序

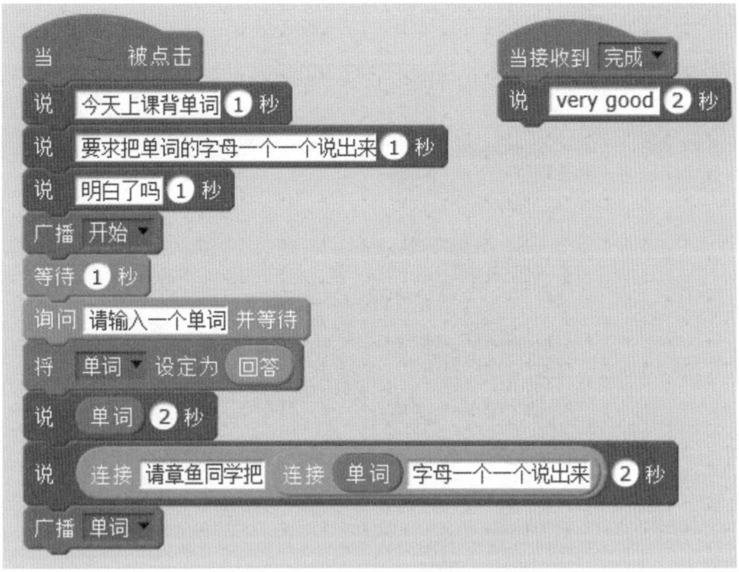

图9-6　章鱼哥表示听懂了的程序

这里需要解决3个问题：

● 怎么取各个位置的字母？

● 如何按顺序取到每个字母？

● 怎么才能知道要取多少次？

取各个位置的字母：本节开始时介绍了一个命令 ，只需要把"第1个字符"的"1"改成对应的数字就可以了，例如 第 ① 个字符: world 是"w"， 第 ② 个字符: world 是"o"。

按顺序取：这就需要让命令中的数字按照1，2，3，…的顺序依次变化，如果要一个一个地输入，建议回顾一下第6章的内容。

取多少次：在输入每个单词前，程序是不知道它是由几个字母构成的，Scratch中可以用 单词 的长度 来确定这个单词是由几个字母组成的，它的主要作用是获取字符串的长度，即字符串中包含了几个字符。

好了，基本问题都解决了。试一试用程序实现吧！具体的程序如图9-7所示。

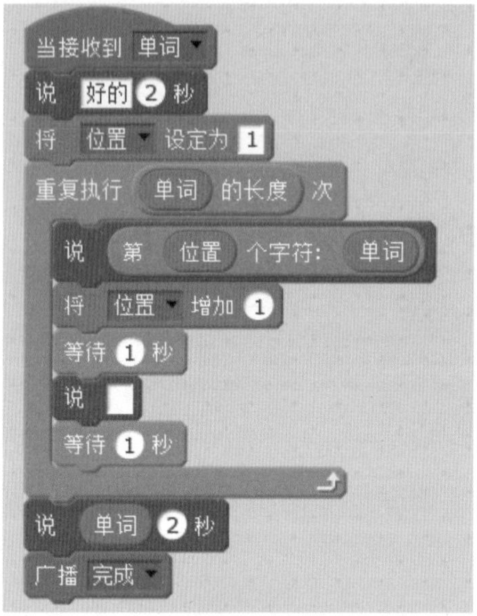

图9-7　说出单词的每一个字母的程序

9.3 聊天的章鱼哥——把单个信息组合成完整的文字

在程序中得到很多信息后，往往需要将这些信息组合在一起，形成完整的一句话输出，表达一个完整的意思，这时就需要用到字符串连接的方法。

在Scratch中，连接字符串所用的命令在运算符分类中，看到名字你就知道它的作用：`连接 hello world`。如果想连接多个词，可以在命令的白方框里再放这个命令，就像这样：`连接 连接 hello world world`。

这次的例子出场的还是章鱼哥（见图9-8）！

背景：underwater2

角色：章鱼哥（Octopus）

图9-8　聊天的章鱼哥

164

故事：章鱼哥在海里游泳时，很无聊，想找人聊天，所以就问了你几个问题，最后，居然利用这些信息给了你一个评价！

玩法要求：

章鱼哥在海里游泳。

当单击章鱼哥时，章鱼哥会问一系列的问题，例如"What's your name？""How old are you？"等，并根据你的输入开始和你聊天。

动作分析：

当单击绿旗后，章鱼哥原地游动，等待玩家给它命令，然后说"今天好无聊，点我聊天呀"。

当单击章鱼哥时，对话开始。

章鱼哥说："What's your name?"

对话可以通过键盘进行，这时通过键盘输入你的名字，例如小明。

章鱼哥打招呼："hello，小明。"

章鱼哥问："How old are you?"

通过键盘输入10。

章鱼哥打招呼："小明，nice to meet you。"

章鱼哥问："小明，你上次数学考试考了多少分?"

通过键盘输入100。

最后，章鱼哥说："小明，你作为一个10岁的小孩能考100分，真是不错！"

开始编写程序前，做好准备工作：创建背景，增加角色。

章鱼哥在海里游泳的动作通过"下一个造型"可以轻松实现。为了有趣，我们可以先让章鱼哥说"今天好无聊，点我聊天呀"（见图9-9）。

单击章鱼哥后，会出现多次发问，每次得到的信息都会在下一次对话中使用，这些信息在最后被组合成一句话，这就带来了一个问题：每次询问的结果都会被保存在内置变量"回答"里，那么下一次的回答会覆盖上一个问题的回答，这样就只能保存最后一个问题的答案。这里需要能够保存每一次回答的结果，以便在后面使用。

图9-9　章鱼哥的初始动作

想一下应该怎么处理？

想到变量了吗？我们可以把每次回答的结果存在不同的变量里，这样，需要用到哪一个问题的答案，只需要使用保存那个回答的变量就好了。

在本节开始时，我们已经讲解连接字符的方式，现在，请大家一鼓作气把程序完成吧！图9-10的程序供大家参考与对比。其中也包括设定的变量。

图9-10　章鱼哥的完整程序

9.4 听话的章鱼哥——利用字符串进行判断

前面介绍的两种字符串操作方式，仅仅实现信息的提取和组合，这只是完成了信息的简单加工，有时候你需要将文字转换为角色的动作，直接用字符串是无效的，因为文字对于计算机是没有区别的，只是存储的信息而已。如果想要利用这些信息让Scratch中的角色进行动作，例如，输入"向左走"，角色就会向左走，针对这种情况就需要用到条件，然后在条件中实现需要的角色动作。

这次，依然是章鱼哥。

章鱼哥已经和你聊过天，也上过课。这一次让我们更深入地了解一下。

背景：underwater2

角色：章鱼哥（Octopus）

故事：章鱼哥找不到路，我们需要帮助章鱼哥找路。但是这次的帮助方式比较特殊，我们采用对话的方式，告诉章鱼哥向哪个方向移动。

玩法要求：

玩家让章鱼哥向上运动，章鱼哥就向上运动。

玩家让章鱼哥向下运动，章鱼哥就向下运动。

玩家让章鱼哥向左运动，章鱼哥就向左运动。

玩家让章鱼哥向右运动，章鱼哥就向右运动。

动作分析：

当单击绿旗后，章鱼哥原地游动，等待玩家的移动命令。

当单击章鱼哥时，章鱼哥会要求移动的命令，这时可以输入"上""下""左""右"，章鱼哥会根据命令进行移动。

但如果不是这几个命令，章鱼哥会提示你输入正确的命令。

准备工作以及单击绿旗后章鱼哥的动作和9.3节的基本相同，这里就不再详细描述。

重点在于根据输入的文字实现章鱼哥的移动。上、下、左、右这四个文字必须对应成角色的动作。对于计算机语言来说，只有使用条件才能实现这种转换：以回答是"上"为例，如果"回答=上"，那么重复执行10次将y坐标增加10，见图9-11。

图9-11　将文字"上"转换为章鱼哥向上移动

其他方向的程序与此类似，不过需要改变成相应的坐标。

当输入的文字有问题时，同样也需要进行条件判断，这里需要用到一个组合逻辑（见图9-12）。

图9-12　输入文字有问题时的组合逻辑

图9-13给出了完整的程序供大家参考。

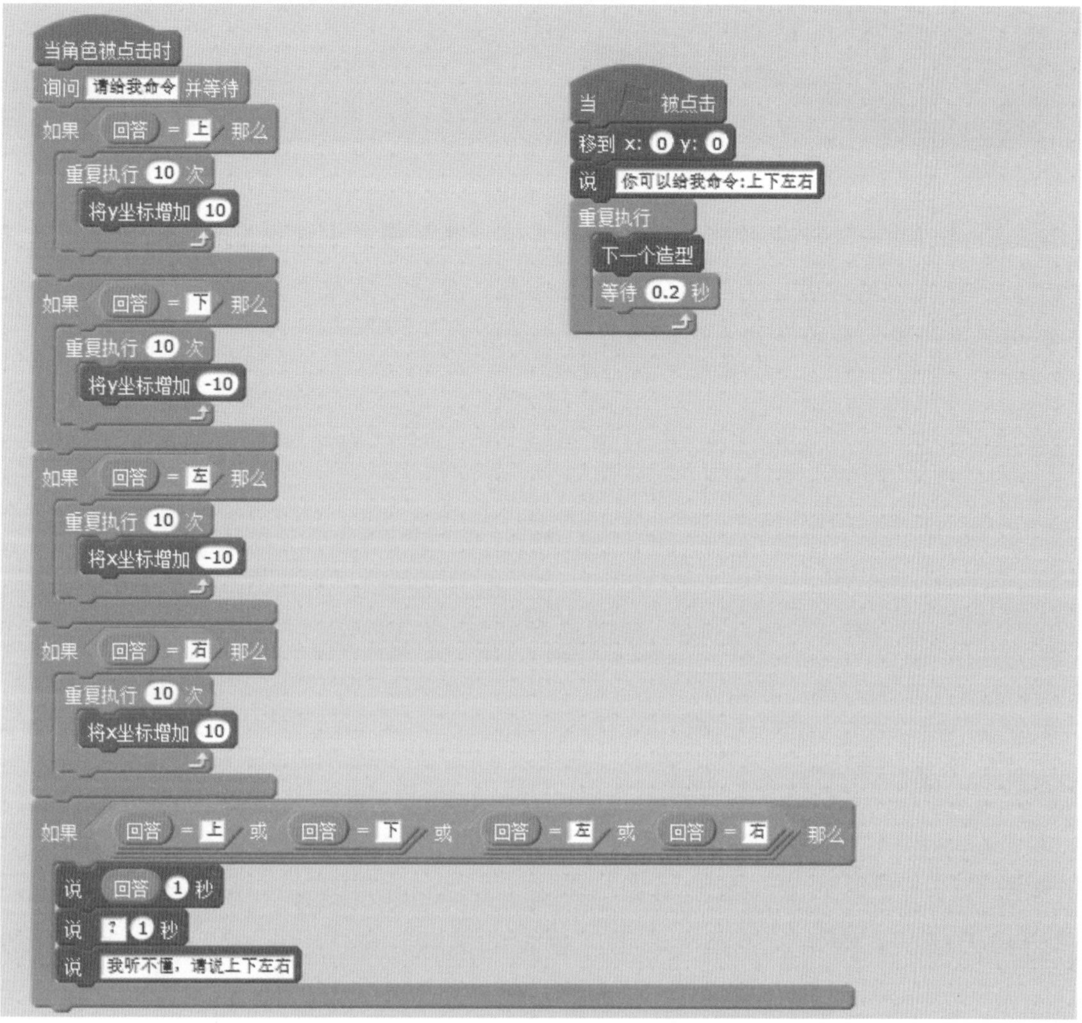

图9-13 "听话的章鱼哥"的完整程序

9.5 小结

　　本章主要介绍了字符串的基本概念，从生活中的语言和信息引申到Scratch中的字符串：存储、分解、连接等操作。通过"背单词的章鱼哥"分析了字符串中信息的提取，通过"聊天的章鱼哥"分析了如何将信息进行组合，通过"听话的章鱼哥"分析了字符串作为判断条件的使用方式，希望大家通过这些例子可以学习如何在Scratch中使用字符串。

第10章　克隆

克隆是Scratch中一个十分特殊的概念，在其他计算机语言中很少有相关的命令。但是作为Scratch中的一个重要的工具，大家还需要了解一下。本章将主要介绍克隆的基本概念、克隆的相关命令和程序控制，最后介绍克隆在项目中的应用。

10.1 克隆的基本概念

10.1.1 星球大战——克隆人

大家都看过《星球大战》吧？其中一季是《克隆人战争》，克隆人的母体是银河系最强的赏金猎人詹戈·费特。克隆人继承了詹戈的体魄和能力，从出生开始就在为战斗训练……你是不是看得很紧张刺激？但你有没有总结过克隆人的特点呢？克隆人有以下几个特点：

- 有一个母体。
- 继承了母体的外形、身体素质、能力……
- 思想和动作可以在出生后训练。

克隆来源于英文，是"clone"或"cloning"的音译。克隆是指生物体通过体细胞进行的无性繁殖，以及由无性繁殖形成的基因完全相同的后代个体组成的种群。这是官方定义，很复杂吧。

你可以理解为复制、拷贝，就是从原型中产生出同样的复制品，它的外表及遗传基因与原型完全相同。

在Scratch中，克隆沿用了上面的概念。

10.1.2　Scratch中的克隆

在现实生活中，如果克隆一个一模一样的你，你可能有些接受不了。但是在玩游戏的过程中，你经常会碰到很多一模一样的怪物。例如《王者荣耀》《跑酷游戏》等。那它们是用很多角色来表示的吗？

当然不是，它们只是同一个角色的克隆而已。

Scratch中与克隆相关的命令有3个，你可以在"控制"标签中找到它们：

克隆 自己▼ ：每使用一次这个命令，就会克隆一个自己。如果注意观察，你会发现后面的黑色小三角，单击它，在下拉菜单中你会发现还可以克隆别的角色。

当作为克隆体启动时 ：这个命令是一个程序头命令，它下面的程序只对克隆体起作用。为什么是"只"呢？因为母体是不执行这个程序的，只有克隆体执行。

删除本克隆体 ：克隆体的另一个特殊之处，在于可以用命令删除它，直接创建的角色是无法用程序删除的。

试一试

能对舞台使用该命令吗？

克隆是什么？能产生什么效果？让我们一起通过程序来了解一下。

10.2　小狗的一家——母体与克隆体

这个故事很简单：小狗不停地创造自己的克隆体，目的只是想和大家一起来看一下克隆的效果（见图10-1）。

背景：playing-field

角色：Dog1

图10-1　背景及角色

10.2.1　克隆命令的使用

在完成准备工作之后，我们发现，舞台上面只有Dog1。此时Dog1作为被克隆的角色，我们称之为"母体"。

现在单击这只"母体"Dog1后克隆自己（见图10-2）。

图10-2　被单击时克隆自己

然后进行以下操作：

1）每次单击之后，把小狗拖动出来。

2）克隆5个。仔细观察此时有几个角色？

3）请你用手指按住自己认为的"母体"。

4）然后单击红色停止按钮。仔细观察发生了什么？

试一试

你发现了什么？

- 不管克隆出几只小狗，角色区域仍然只有1个角色。
- 克隆出来的小狗跟"母体"Dog1一模一样，有着同样的造型，在同样的位置，拥有"母体"的所有状态。我们把根据"母体"克隆出来的角色叫作"克隆体"，因此也可以说是根据母体"复制"出克隆体。
- 母体和克隆体一模一样，很难分辨。找不到时，可以单击角色区域的角色。
- 当单击克隆体时，也会执行图10-2所示的程序，克隆出新的克隆体。
- 单击红色按钮之后，舞台上面只剩下"母体"。克隆体都被删除了。

以上这些特点希望大家在使用克隆体时一定要记住。

10.2.2 克隆体的程序控制

克隆体根据母体"复制"出来之后，如果只能拥有"母体"的所有状态，那么也没有什么意义。必须使用 当作为克隆体启动时 ，才能使克隆体被自己的程序控制，图10-3所示了移动克隆体到随机位置。

图10-3　将克隆体移到随机位置

把这段程序同样写到小狗的程序里。单击小狗，看看发生了什么？
用图10-4所示的程序替代图10-3所示的程序，再试试。

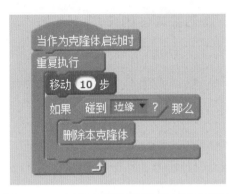

图10-4　克隆体移动且碰到边缘会消失

发现了吗？这段程序的作用是使克隆体移动，碰到边缘就消失。

思考一下

　　克隆体虽然同母体一样，都可以使用显示和隐藏命令对其操控，但是为什么不用隐藏命令使其消失呢？

　　这是因为克隆后，如果不删除，角色会一直存在，随着数量的增多，总有一天，你的计算机接受不了这么多角色，结果就是罢工。

　　因此，对于克隆体，需要使用"删除本克隆体"这个命令。

10.3　飞机大战——克隆体的应用

　　虽然"克隆体"一不小心忘了删除，会让你的Scratch彻底停止运行，但是在你需要多个同样的角色而且这些角色有相同的动作时还是十分有用的——它可以减少你的程序工作量。接下来通过"飞机大战"游戏具体来学习一下吧（见图10-5）。

　　背景：游戏背景、胜利背景、失败背景

　　角色：战机、敌机、敌机子弹、战机子弹、加油桶、弹药桶

　　故事：自己的飞机在控制下可以向各个方向移动，中间不停地有各种补给，发射子弹击中敌机……当然，被敌机击中后，后果很严重……

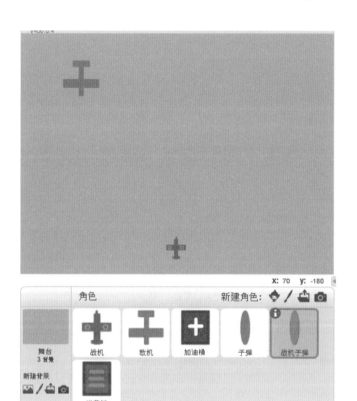

图10-5　背景及角色

玩法要求：

飞机随着鼠标在屏幕上移动，按下空格键会发射子弹。

敌机不停出现，向屏幕下方不停发射子弹，同时飞向屏幕下方。

飞机碰到敌机或敌方子弹，游戏结束。

补给不定时从空中落下，飞机接到后会补充燃油以及子弹等物资。

接下来按角色进行分析。

战机的动作分析如下。

1）开始时战机是需要一定燃油、子弹的，按下空格键，开始战机启动，并跟随鼠标指针移动，此时燃油减少，飞行距离增加。

2）如果战机在飞行过程中碰到敌机或敌机子弹，游戏失败。此外，如果战机没有燃油了，战机同样会坠毁。

战机成功飞行10 000千米，完成任务。

战机可以发射子弹，击中前面的敌机。

战机子弹的动作分析如下。

战机子弹被战机不停地发射，如果碰到边缘，就消失；如果碰到敌机，可以让它爆炸后消失。

敌机的动作分析如下。

1）出现在顶部的随机位置，向舞台底部飞来。

2）如果在飞行过程中碰到战机或战机子弹，则碎裂并隐藏。

3）如果飞到舞台底部边缘，那么重新从顶部的随机位置再次出发。

4）在未被击碎的情况下，子弹每隔1秒发射1次。

敌机子弹的动作分析如下。

和战机子弹的动作类似，只不过是从敌机发出。

加油桶、弹药桶的动作分析如下。

特殊情况下（例如战机燃油小于500或战机子弹小于50时）出现，向边缘下落。

如果碰到边缘就消失，然后再随机出现。

如果碰到战机，战机燃油（或子弹）增加。

与以往一样，编写程序前首先创建背景和角色。角色可以画出来，也可以从互联网上下载。

完成程序时，可以按照"战机→战机子弹→敌机→敌机子弹→加油桶→弹药桶"的顺序依次完成，具体的完成思路可以参考前面的动作分析。

10.3.1　战机

对于战机，需要进行很多初始设置，例如燃油、飞行距离、子弹数、初始位置等，这些大家都很熟悉了。具体程序见图10-6。

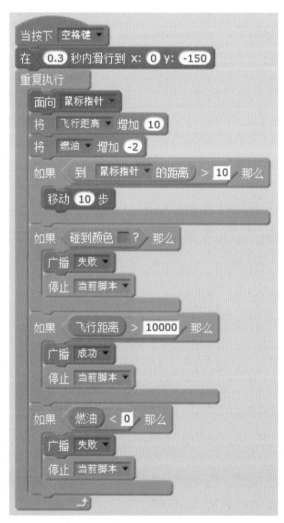

图10-6　战机的初始设定

按下空格键，飞机起飞后进行距离和燃油控制。具体程序见图10-7。

图10-7　飞机的出发、成功及失败设定

战机每隔1秒发射一次子弹，子弹的数量减1。具体程序见图10-8。

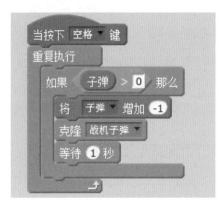

图10-8　战机发射子弹的设定

 注意　在这里，战机克隆了子弹。

10.3.2　战机子弹

战机子弹的程序是一个克隆体的典型应用，子弹的主要功能都是由克隆体来实现的。子弹的母体始终处于隐藏状态，大家需要注意这一点。在使用克隆体时，通常母体的程序很少且处于隐藏状态。

为了使子弹及射中目标更形象，子弹需要两个造型（见图10-9）。

当单击绿旗时，需要子弹隐藏母体。图10-10展示了战机子弹的初始化设置。

每次按下空格键，子弹被战机克隆，这时，克隆体已经产生，需要用 当作为克隆体启动时 来完成子弹作为克隆体的功能。

当子弹作为克隆体被启动时，首先需要移到战机（因为它是从战机发出去的），将子弹造型切换为正常造型。

图10-9　战机子弹的造型

图10-10 战机子弹的初始化设置

此时，看上去已经可以让它向上方移动了，但是你会发现，你没有看到子弹，思考一下：为什么没有看到子弹？

克隆体会继承母体的状态，而此时，母体处于"隐藏"状态，所以克隆体子弹也是隐藏的，需要用显示来让我们看到它。这一点，请务必注意！

然后，我们就可以让子弹动起来了，这与给角色写程序是一样的。相信大家会很快完成它（见图10-11）。

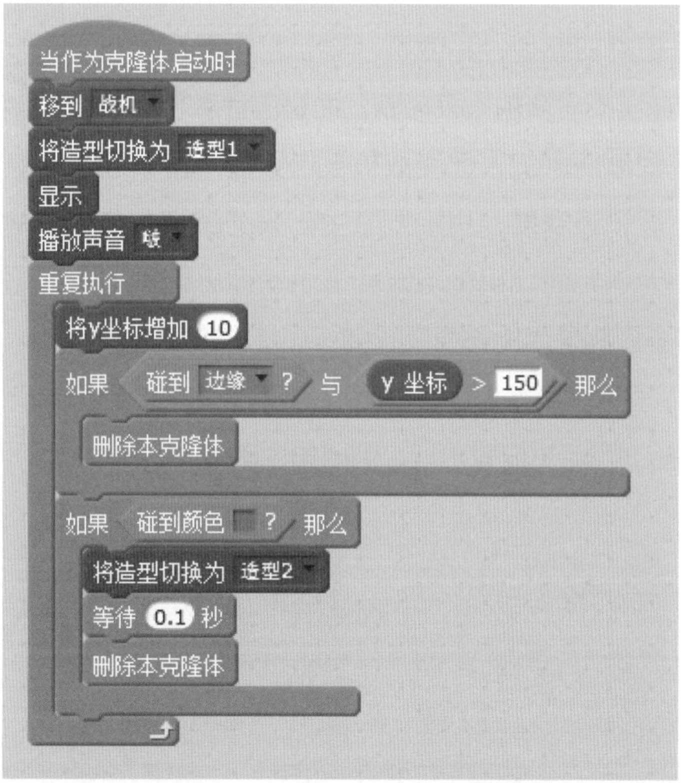

图10-11 子弹的任务实现程序

10.3.3 敌机与敌机子弹

为了加强游戏的体验，可以将敌机绘制为两个造型（见图10-12）。

图10-12 敌机的造型

敌机在最初时是正常的造型，和战机一样，它需要克隆敌机子弹，但是克隆的速度不应该由人来控制，而是由计算机来控制的，而且子弹是无限制使用的，但当敌机被击毁时（击毁后敌机隐藏），子弹不应该被发射，否则凭空生出来的子弹会让玩家避无可避，我们无法判断飞机的隐藏和显示状态，但是可以设置一个变量，用于控制是否能够克隆子弹（见图10-13）。

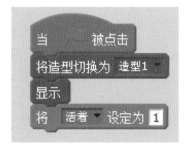

图10-13 敌机的初始设定

完成初始设定后，敌机持续向舞台底部边缘飞去，如果碰到边缘或者落到底部边缘还没有被击毁，再次从舞台上方随机位置出现，同时角色的大小也发生改变（见图10-14）。

图10-14 敌机的失败设定

如果敌机碰到战机子弹，被击毁，修改flag值，再次从舞台上方随机出现，同时飞机的大小随机改变。图10-15展示了敌机被击毁的程序。

图10-15 敌机被击毁的程序

注意

上面的程序是重复执行的，所以还需要把上面的程序放到重复执行中才可以。

同时，敌机的一个很重要的任务是在未被击毁的情况下每隔1秒克隆一次敌机子弹（见图10-16）。

图10-16 发射敌机子弹

敌机子弹的程序和战机子弹类似，这里就不多做分析了（见图10-17）。

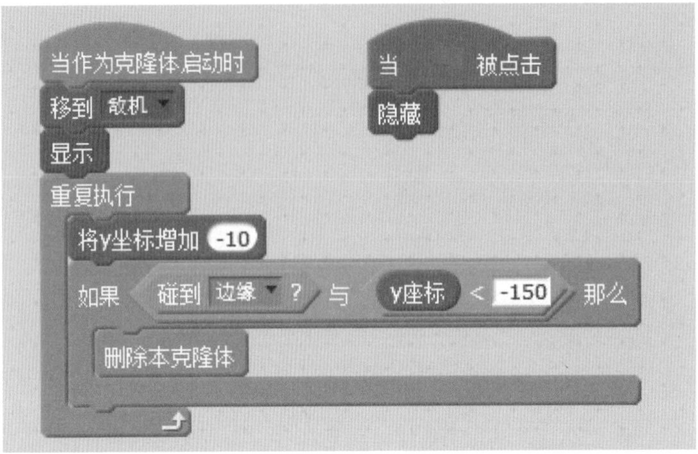

图10-17　敌机子弹的程序

10.3.4　加油桶与弹药桶

加油桶在燃油量小于500后才出现，然后开始向下落，碰到边缘会消失，然后等待一个随机时间后再次出现；如果碰到战机，则会隐藏，下一次战机燃油量小于500时出现。为什么会出现这种差别？因为燃油桶出现时意味着战机已经急待补充燃油，如果战机没有接到，我们需要适当增加难度，让燃油桶等一等才出现，如果还继续设定为小于500时出现，那么它就会立即出现。

另一个需要注意的问题是，当加油桶碰到战机时，需要使用消息通知战机"加油"。如果不这样做，在战机端也使用了"如果碰到加油桶"，那么因为计算机执行程序时，会有少许时间差，你会发现：有时明明接到了加油桶，但燃油却没有增加。图10-18展示了加油桶的功能实现程序。

弹药桶的功能几乎与加油桶相同，只不过加油桶增加了燃油，而弹药桶增加的是子弹。这里就不再详细分析。图10-19所示程序供大家参考。

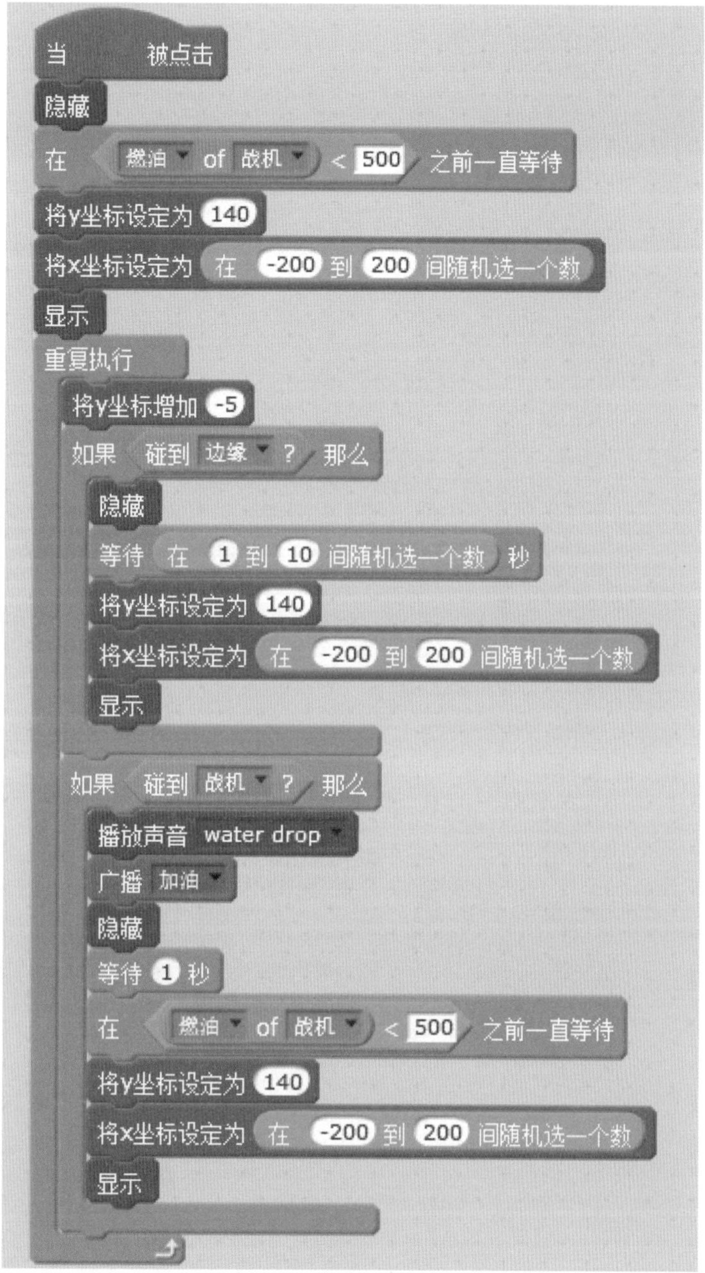

```
当 [旗] 被点击
隐藏
在 <(燃油▼) of (战机▼) < 500> 之前一直等待
将y坐标设定为 140
将x坐标设定为 (在 -200 到 200 间随机选一个数)
显示
重复执行
    将y坐标增加 -5
    如果 <碰到 边缘▼ ?> 那么
        隐藏
        等待 (在 1 到 10 间随机选一个数) 秒
        将y坐标设定为 140
        将x坐标设定为 (在 -200 到 200 间随机选一个数)
        显示

    如果 <碰到 战机▼ ?> 那么
        播放声音 water drop▼
        广播 加油▼
        隐藏
        等待 1 秒
        在 <(燃油▼) of (战机▼) < 500> 之前一直等待
        将y坐标设定为 140
        将x坐标设定为 (在 -200 到 200 间随机选一个数)
        显示
```

图10-18 加油桶的功能实现程序

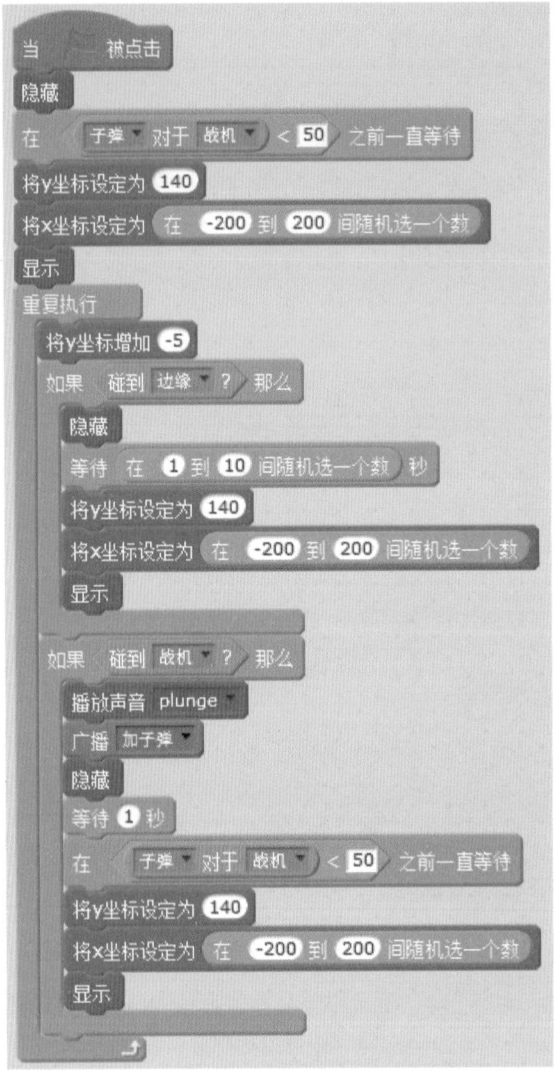

图10-19　弹药桶的功能实现程序

10.4　小结

本章主要介绍克隆的基本概念，从生活中的克隆引申到Scratch中的克隆：母体、克隆体、克隆命令、克隆体的删除、克隆体的程序控制等。通过"小狗的一家"分析了克隆的相关概念和命令，在"飞机大战"的程序中，对克隆的应用场景和典型使用方法进行了展示。

第11章 数据结构初步

在第6章中，我们已经介绍了计算机中数据的载体——变量。本章我们将介绍计算机中数据组织的方式——数据结构。在任何问题中，数据元素都不是孤立存在的，而是在它们之间存在着某种关系，这种数据元素相互之间的关系称为结构。数据结构是相互之间存在一种或多种特定关系的数据元素的几何。怎么样？有点复杂吧？没关系，在现在这个阶段，你可以理解为存储了很多同种数据的变量。

上面讲的是计算机语言中数据结构的基本概念，而在Scratch中只有一种：数据链表。在本章中，我们将讲解为什么要使用数据链表以及如何使用。

举个例子，你想要做一个程序记录全班每个同学的成绩，首先要输入每个同学的名字并保存在程序中，如果使用变量去存储，抱歉，你要给每个同学都要建一个变量，如果你使用链表，那么你只需要建一个链表就够了。从这个例子可以看出，链表大大节省了建立变量的工作量。当然，这里节省了工作量，其他地方的工作量会有些增加——例如，你录错了，本来应该是排在第3位的同学，却把他排到第2位，这时需要把原来第2位的同学插到中间去……这些操作是必须按照一定规则进行的。

11.1 创建链表及给链表增加数据

11.1.1 创建链表

在Scratch中，创建链表的方式和创建变量的方式相同。

在"脚本/数据"区域单击"新建链表"就可以开始创建了（见图11-1）。创建时与变量一样，需要输入一个名称。就前面的例子而言，可以把这个链表命名为"我们班的同学"，注意，这个名字和变量及消息一样，最好有具体的意义，这样下次你看到它的时候，一下就可以知道它是做什么用的（见图11-2）。

图11-1 创建一个链表

图11-2 给链表起个名字

单击"确定"后，你就创建好了一个链表。

图11-3展示了"我们班的同学"的程序。

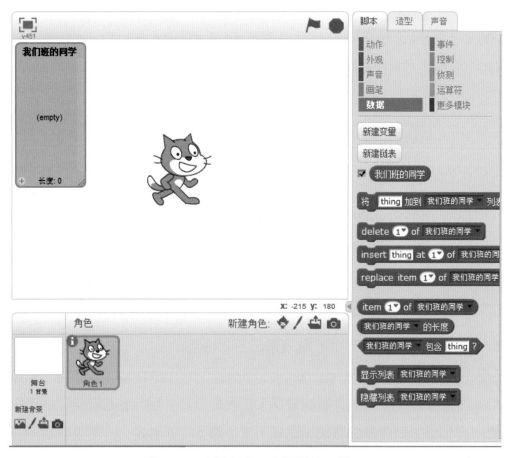

图11-3 创建好的"我们班的同学"

在图中你会发现数据中多了很多命令，这些命令只能用来操作链表中的数据。同时，在舞台上，我们发现多了一个灰色的长方形，但在角色区域里没有，这个灰色的长方形是用来显示列表的数据的。

11.1.2　给链表增加数据

观察图11-3，你会发现舞台左上角"我们班的同学"中有一个词"empty"，中文意思是空的，这意味着在11.1.1节中虽然创建了一个链表，但链表中是没有数据的，所以是"空的"。我们需要向其中添加数据。

例如，我们班里的同学叫张三、李四、王五、赵六，需要一一把他们加到链表中。这时就要用到   这个命令，白色方框里的"thing"可以直接改为名字，例如"张三"，程序如图11-4所示。

图11-4　给链表增加数据

如果想要添加其他同学的名字，用多个命令就可以了。

试一试

把张三、李四、王五、赵六全部加入链表中。

图11-5展示了创建好的班级人员链表，你做对了吗？

图11-5　创建好的班级人员链表

11.2　查找、插入、删除及替换链表的数据

11.2.1　查找链表中需要的数据

仔细观察链表中的内容，就可以找到要找的名字，但是我们如何减轻自己的劳动呢？把这一切交给计算机来做吧！例如我们要在前面的例子中找到"赵六"的位置。

回想一下查找数据的方法：首先，从第一个同学的名字开始看起，如果不是，那么就看第二个……直到找到"赵六"，但是，你要怎么描述你找到了呢？如果你说"赵六在王五的后面"，那"王五"在哪里呢？那么最简单的办法，就是告诉别人"赵六在链表里第4个位置"，这也就意味着：最后一步——你要记住"赵六"在链表中的位置。

好吧，按照上面的过程用程序一步步实现就好。图11-6展示了查找"赵六"在链表中位置的程序。

图11-6的程序中首先设定了一个变量i，它代表了名字在链表中的位置，然后用"重复执行直到…"这个命令，一个一个找"赵六"，当找到时，循环被中止，此时，i正好就是赵六的位置。

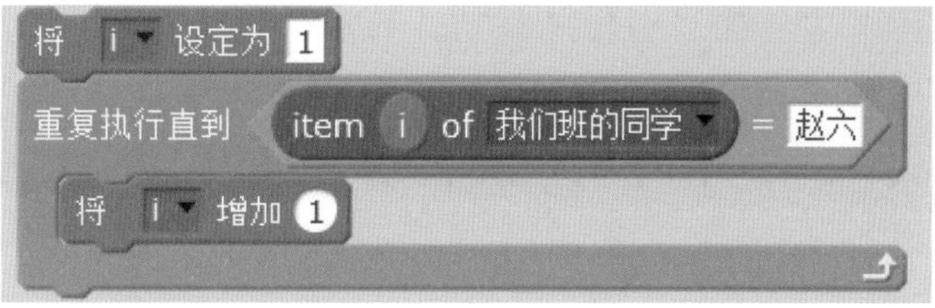

图11-6 查找"赵六"在链表中的位置

11.2.2 在链表中插入、删除以及替换数据

之所以把这三个操作放在一起讲，是因为在Scratch中只用一个命令就可以实现了。三个操作的命令如下。

插入：`insert thing at 1▼ of 我们班的同学▼`

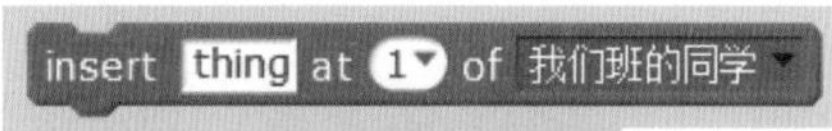

删除：`delete 1▼ of 我们班的同学▼`

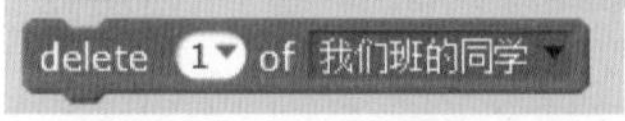

替换：`replace item 1▼ of 我们班的同学▼ with thing`

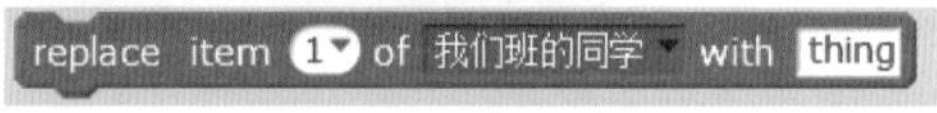

但是，这些命令都必须用数据在链表中的位置来指定。你可以自己在列表中找，然后手动输入位置，也可以像在上一部分中做的，先用程序查找到被操作数据的位置，然后用代表位置的变量"i"替换上面三个命令的1。

11.3 抽奖器

大家经常会在联欢会或者其他活动中见到抽奖环节，具体是怎么实施的呢？计算机上会滚动显示参与抽奖的人员的名字，当按下计算机上的某个键时，计算机停止，当时显示的人名会出现在屏幕上，告诉大家是这个人获奖了。下面我们就来完成一个简易的抽奖器。

任务分析如下。

首先需要知道所有参与抽奖的人员，并把参与抽奖人员的名字存入计算机里，这里我们可以使用链表保存这些名字。

其次需要不停循环显示参与抽奖人员的名字。

最后当按下某个键，这里我们用空格键吧，显示获奖人的名字，然后舞台上的主持人说出获奖人的名字！

实现步骤如下：

1）创建背景——例如抽奖台。

2）创建角色——我们让小猫来当主持人。

3）创建链表，存储参加抽奖人员的名字。

4）完成让名字滚动显示的程序，并且在按下空格键时停止滚动。

5）让主持人说出获奖人员的名字。

作为例子，我们选小王、小张、小李、小赵、小周参与抽奖。建立链表的步骤如下：

1）清空链表的数据。

2）将每个人的名字添加到链表中。

3）最后将链表隐藏，因为我们并不想在抽奖时显示所有人的名单，这样容易让人误解为所有人员都获奖了。

图11-7展示了添加参与抽奖人员名单的程序。

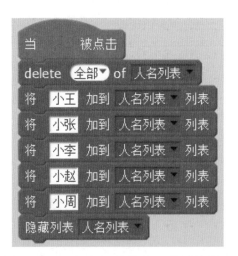

图11-7 添加参与抽奖人员名单的程序

让名字滚动起来，可以考虑使用一个变量来显示名字，只需要不断刷新变量的值，那么会看到名字在不停变化。由于这个过程是往复不断的，就需要用到循环，按链表的顺序每循环一次显示一个人名，当显示了链表的最后一项时，下一次必须显示链表的第一项。

此外，当按下空格键时，循环会终止执行。

　　按照上面的分析，一步步完成，就得到了摇奖人员名字滚动的程序，具体程序如图11-8所示。

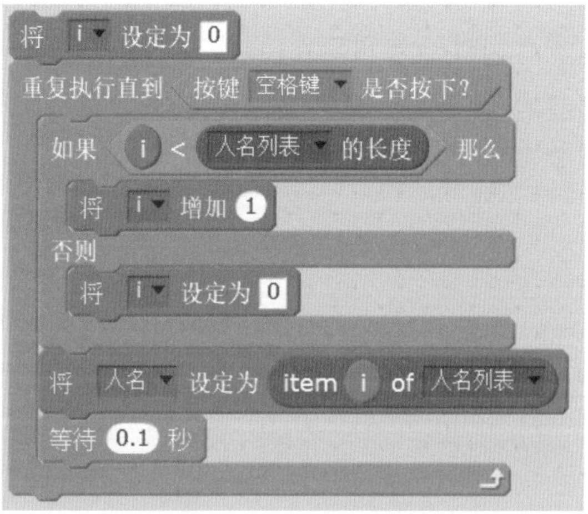

图11-8　让名字滚动显示并在按下空格键时停止

　　最后，我们只需要让小猫说出获奖人员的名字就好，具体程序如图11-9所示。

图11-9　说出获奖人员名字的程序

　　你可以考虑下：如果想要多次抽奖，应该怎样用程序实现？需要提示的是，每抽出一个人，你需要将这个人从链表中删除，这样，可以避免同一个人多次获奖。

11.4　小结

　　Scratch提供的数据结构很单一，只有链表这种形式的数据存储结构。本章里对链表中数据的创建、查找、插入和删除进行了简单的介绍，并通过一个抽奖器的程序向大家演示了链表的使用方式。这部分对后续进入代码语言的学习有很大的帮助。

第12章 算法初步

相信大家在学习了前几章后，对如何用Scratch编写一个小动画或者小游戏已经有了一定的了解，但是，编程能够解决的问题远远不只这些。更多的时候，成年人利用计算机编程是为了进行数据的处理。在本章的学习中，我们会通过几个简单的例子，带领大家认识一下如何用编程解决数学中的问题。

12.1 什么是算法

做任何事情都有一定的步骤。例如，我们在生活中经常提到的一个脑筋急转弯——如何把一头大象放进冰箱里呢？

完成这个任务，需要三个步骤：

1）打开冰箱门；

2）把大象放进冰箱里；

3）把冰箱门关上。

我们把这三步叫作解决"把大象放进冰箱"这个问题的算法。那么，什么是算法呢？算法指的是实现一个任务或解决一个问题的一系列方法或步骤。

除了这种解决实际问题的算法，解决一些数学问题的方法也叫作算法。例如，求1+2+3+…+100的结果，解决这个问题的方法也叫作算法。

对于一个算法，这些步骤都是按照一定顺序进行的，缺一不可，次序错了也不行。但是，实现任务的算法往往不唯一。这一点大家在之前的训练中应该会有所体会，同样实现一个任务，我们可以通过不同的方法来实现。当然，不同的算法一定有好坏之分。有的算法只需要进行很少的步骤，而有的算法则需要很多步骤。一般来说，我们希望采用方法简单、步骤少的算法。因此，为了有效解决问题，不仅需要保证算法正确，还要考虑算法的简单性，选择合适的算法。

有了算法之后，如何编写程序呢？

对于不同的编程软件，包括我们现在学习的Scratch，以及你们长大后可能会学习的C++、Python等。它们在解决一个问题时，所采用的算法都是相同的，用计算机能读懂的语言编写出算法就是我们所说的程序。因此，对于编写程序来说，掌握解决问题的算法才是最重要的。

接下来通过几个简单的例子来学习处理简单数据的算法。

12.2 加法交换律

加法交换律是数学运算的法则之一。指两个加数相加，交换加数的位置，和不变。例如：1+2与2+1的结果都是3。

 思考一下

如果现在你有两个杯子，一个杯子里是牛奶，另一个杯子里是橙汁，你现在希望把两个杯子中的饮料互换。也就是将牛奶倒入果汁杯，将橙汁倒入牛奶杯，应该怎么实现呢？

答案：很明显，在这种情况下，两个杯子已经不能满足我们的要求，我们必须用到一个空的新杯子，首先把牛奶杯中的牛奶倒入这个新杯子里面，然后把果汁杯中的橙汁倒入牛奶杯，最后将新杯子中的牛奶倒入果汁杯。步骤如下所示。

1）牛奶倒入新杯子。

2）橙汁倒入牛奶杯。

3）牛奶倒入果汁杯。

在这个算法中，可以看到，为了将两个杯子中的饮料进行对调，我们拿出了一个新杯子。也就是说，实现简单的饮料对调这个任务，我们至少需要三个杯子才能完成。

好的，看到这里，你可能会疑惑，我们不是学习加法交换律的算法吗？为什么讲了半天牛奶和橙汁呢？不要着急，接下来就让我们一起看一下，加法交换律和牛奶、橙汁的关系吧。

还记得我们在第2章学过的英语课堂吗？今天我们又要开一门新的数学课了，那在数学课上会发生什么有趣的事呢？"生动的数学课堂Ⅰ"如图12-1所示。

图12-1　生动的数学课堂Ⅰ

背景：教室（chalkboard）

角色：老师（Abby），学生（Kai）

故事：今天我们的数学老师给大家出了一个简单的数学题，希望大家利用计算机快速得出运算结果。

玩法要求：

单击绿旗后，老师说："已知15+36=51，求解36+15=？"

学生快速说出答案。

动作分析：

首先，我们需要两个"杯子"，第一个"杯子"中放入数字15，第二个"杯子"中放

入数字36，此时两个"杯子"中数字的和是51。

现在，将第一个"杯子"中的15和第二个"杯子"中的36调换，求出结果。

我们将这里的数字"15"和数字"36"想象成牛奶和橙汁，这个数学问题是不是就与两个杯子中的饮料互换一样了呢？

算法如下：

1）设定两个变量：第一加数，第二加数，分别代表两个空杯子。

2）将数字15放入第一个"杯子"中，也就是让变量第一加数等于15。

3）将数字36放入第二个"杯子"中，也就是让变量第二加数等于36。

4）求得第一加数+第二加数=51。

5）设定一个新的变量：空加数，代表空的新杯子。

6）将数字15从第一个"杯子"倒入"空杯子"中，也就是让变量空加数等于第一加数。

7）将数字36从第二个"杯子"倒入第一个"杯子"中，也就是让变量第一加数等于第二加数。

8）将数字15从"空杯子"倒入第二个"杯子"中，也就是让变量第二加数等于空加数。

9）求解第一加数+第二加数的和。

我们将这个算法写成相应的程序，如图12-2所示。

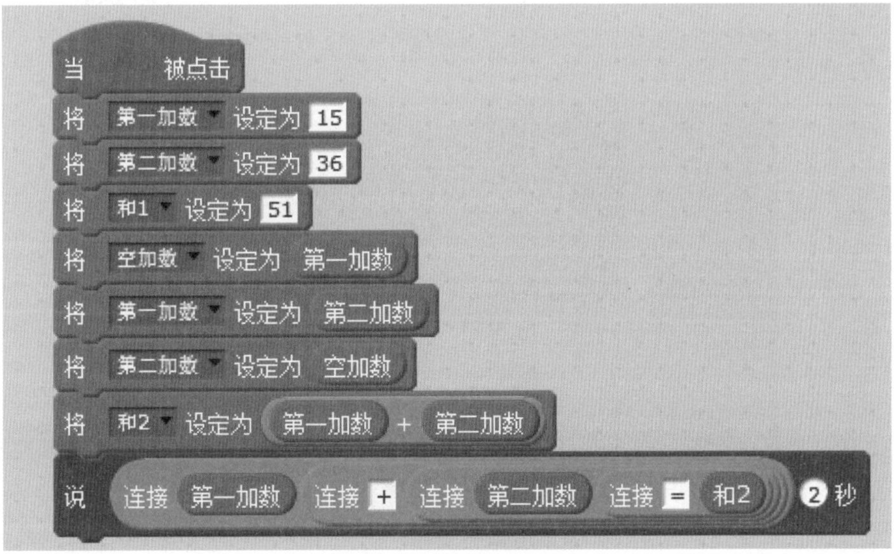

图12-2 加法交换律

12.3 累加运算

累加运算指的是求多个加数的和。例如从1加到100，可以表示为1+2+3+…+100，这就是一个简单的累加运算。

思考：1+2=?

1+2+3=?

1+2+3+4=?

相信聪明的你一定能很快地得出计算结果。但是如果我把问题继续写下去，求解1+2+3+…+100=?，甚至是1+2+3+…+1000=? 你还能快速得出答案吗？

听起来有一点困难，这是因为我们人脑进行计算的能力是有限的，而对于计算机来说，它需要运算思考的时间非常短。因此，我们可以通过编写程序，让计算机帮我们完成。那么如何编程让计算机帮我们完成这个计算呢？

上节数学课我们学习了加法交换律的内容，是不是觉得有点意犹未尽，接下来让我们看一个更复杂的内容吧。"生动的数学课堂Ⅱ"如图12-3所示。

图12-3 生动的数学课堂Ⅱ

背景：教室（chalkboard）

角色：老师（Abby），学生（Kai）

故事：今天我们的数学老师给大家出了一个比较难的数学题，希望大家利用计算机快速得出运算结果。

玩法要求：

单击绿旗后，老师说："有哪位同学知道1+2+3+…+100等于多少呢？"

学生快速说出答案。

那么，如何让计算机快速计算出结果呢？首先，我们思考一下解决这个问题的算法。

为了方便大家理解，我们将计算简化，先思考求解1+2+3+4+5的算法。

可以用最原始的方法进行：

1）计算1加2，得到结果3。（1+2=3）

2）将步骤1得到的结果3再加上3，得到结果6。（1+2+3=3+3=6）

3）将步骤2得到的结果6再加上4，得到结果10。（1+2+3+4=6+4=10）

4）将步骤3得到的结果10再加上5，得到结果15。（1+2+3+4+5=10+5=15）

这是实现求解1+2+3+4+5的算法。细心的同学可能发现了，在这个算法中，每个步骤的计算都是两个加数的求和，其中第一个加数是上一步骤的和，第二个加数分别是2，3，4，5，观察规律可以看出，每个步骤的第二个加数，都比上一个步骤中的第二个加数多1。

发现这个规律后，我们可以很快改变之前的算法：

1）第一加数=1，第二加数=2，和=第一加数+第二加数（等于3）。（1+2=3）

2）第一加数=步骤1中的和（等于3），第二加数=步骤1中的第二加数+1（等于3），和=第一加数+第二加数（等于6）。（3+3=6）

3）第一加数=步骤2中的和（等于6），第二加数=步骤2中的第二加数+1（等于4），和=第一加数+第二加数（等于10）。（6+4=10）

4）第一加数=步骤3中的和（等于10），第二加数=步骤3中的第二加数+1（等于5），和=第一加数+第二加数（等于15）。（10+5=15）

我们将这个算法写成相应的程序，如图12-4所示。

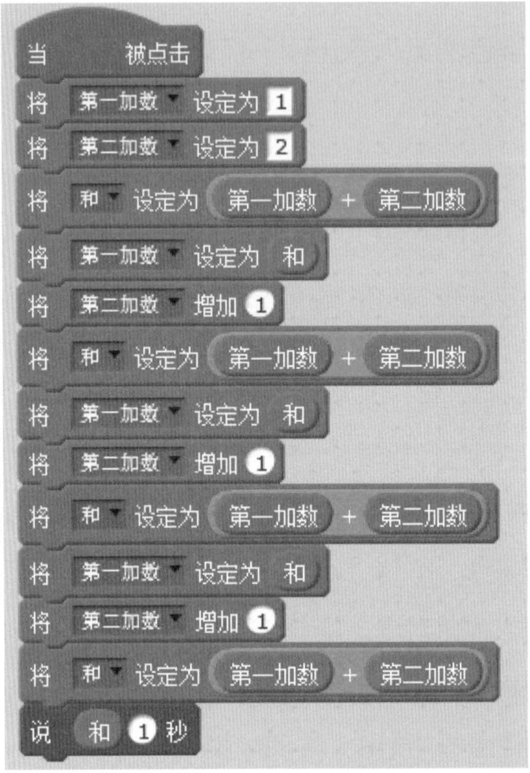

图12-4　1+2+3+4+5的程序

可以看到，运行这段程序后，学生会将最终运算的结果说出，结果是15，你的答案算对了吗?

图12-4所示的程序，是我们按照算法一步一步在计算机中实现得到的，但这段程序并不是最简单的。思考我们学过的循环的概念，试一试，是否可以将自己的程序进行简化修改呢?

修改后的程序如图12-5所示。

在图12-4所示的这段程序中，我们重复执行了3次"将第一加数设定为和，将第二加数增加1，将和设定为第一加数+第二加数"，这三次分别对应算法中的步骤2～4步骤。

如果我们继续累加下去，分别加6，加7，加8……只是不断地将步骤2重复执行下去。那么，思考一下，求解1+2+3+3+5的程序需要重复三次相应的命令，求解1+2+3+…+100的程序又需要重复多少次呢?

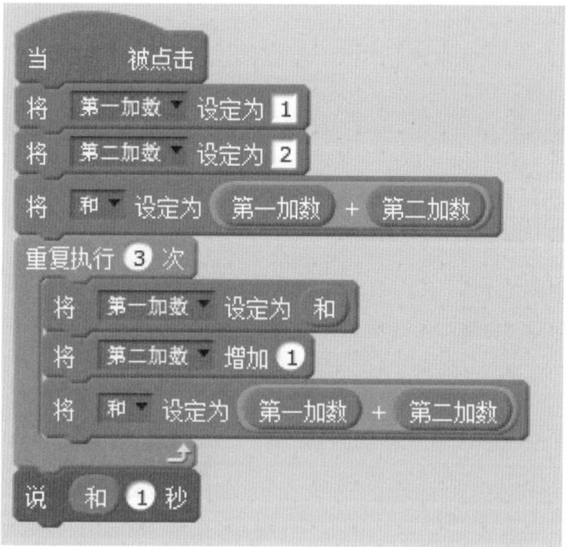

图12-5 修改后1+2+3+4+5的程序

答案是：98次。具体程序如图12-6所示。

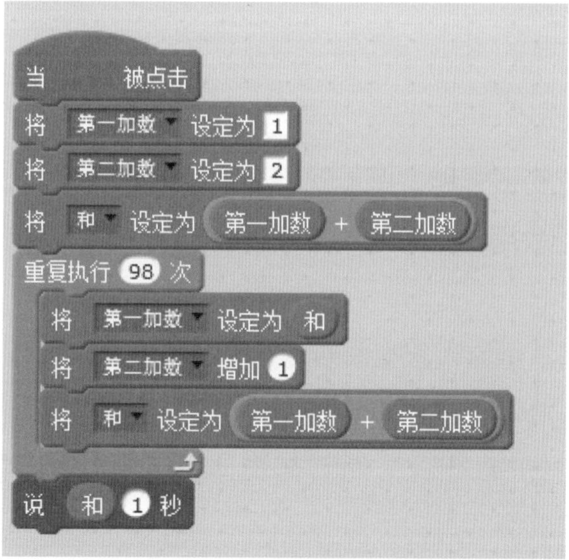

图12-6 1+2+3+…+100的程序

学会了求解1+2+3+…+100的算法后，你是否也会求解1+2+3+…+1000，以及求解1×2×3×…×100了呢？快去大胆地实现一下吧。具体程序如图12-7所示。

图12-7　算法实现（左图：1+2+3+…+1000的程序；右图：1×2×3×…×100的程序）

12.4　怎样表示一个算法

表示一个算法的方式有很多种，例如我们在前面两节学习中，用语言按照步骤一步步表达，同样，有些同学还会用画图的方式来表达。常用的表示算法的方法有：语言描述、流程图等。

对于语言描述的方法，相信大家都很熟悉，可以用步骤1、步骤2、步骤3……这样的语言描述来表达算法。但这样的方法也有一些不好的地方，例如描述过于复杂，简单的问题不需要浪费大量时间写文字等。因此，为了简单地表示我们的算法，我们可以使用流程图的方法来表达。

什么是流程图呢？

流程图是用一些图框来表示各种操作。用图形表示算法的优点在于：

● 采用简单规范的符号，画法简单；

● 结构清晰，逻辑性强；

● 便于描述，容易理解。

那么，如何绘制流程图呢？

我们之前的学习中，一共学习了三种程序的基本结构，分别是顺序结构、条件结构和循环结构。接下来介绍这三种基本结构相对应的流程图。

1. 顺序结构

图12-8所示是一个顺序结构，其中命令A和命令B两个框是顺序执行的，即在执行完A框内的命令后，必须执行B框内的命令。顺序结构是最简单的一种基本结构。

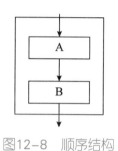

图12-8　顺序结构

2. 条件结构

条件结构又称为选择结构。图12-9所示是一个条件结构。此结构中包括一个判断框，根据给定的条件E是否成立而选择执行命令A还是命令B。

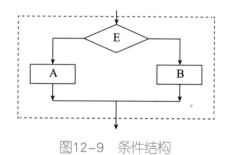

图12-9　条件结构

3. 循环结构

循环结构图如图12-10所示，首先要判断条件E是否成立，如果成立，则执行相应的命令L，否则跳出循环。（对应Scratch中的循环，这里需要判断的是，重复的次数是否已经执行结束）。

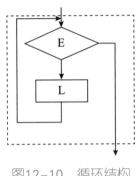

图12-10　循环结构

除了上述三种基本结构之外，我们在绘制流程图的时候，注意要给流程图加上开始和结束的图形（见图12-11）。

图12-11　开始和结束框

学习了三种基本的结构图之后，接下来我们实践一下。1+2+3+…+100的算法如何用流程图的形式来表示呢（见图12-12）？

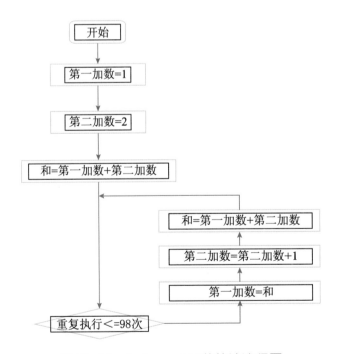

图12-12　1+2+…+100的算法流程图

学习了流程图表达之后，快把之前学习的算法尝试着用流程图来描述一下吧。只有大量的练习才有助于你更快速地理解它哦。

12.5　小结

在这一章中，我们学习了算法的概念。算法是解决问题的一系列步骤。对一个问题来说，解决问题的算法不是唯一的，我们要尽量选择简洁的算法来解决问题。在学习了算法的概念之后，我们又介绍了两个经典的算法例子，一个是数据的交换，另一个是累加算法。最后，我们介绍了算法的两种常见表示方法，一种是自然语言法，另一种是流程图法。流程图法更简单明了，但是对于复杂的问题来说，可以尝试着先用自然语言描述，再改成流程图的形式。